1. 黑龙江省气象局领导赴大冬会亚布力赛场，检查指导大冬会气象服务工作准备情况
2. 黑龙江省气象局领导密切关注大冬会气象服务准备进展情况
3. 哈尔滨市气象局领导对气象服务保障材料进行讲解

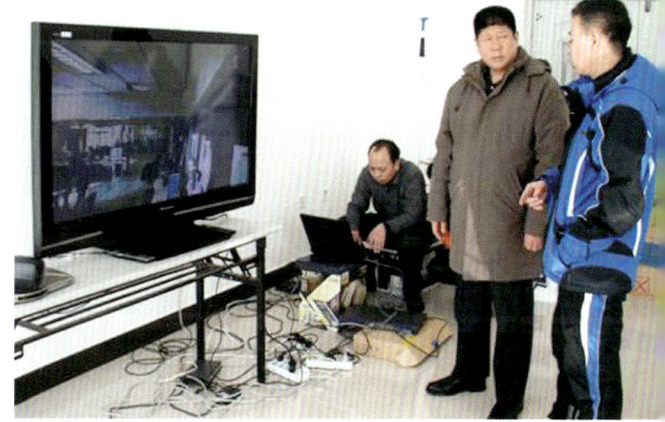
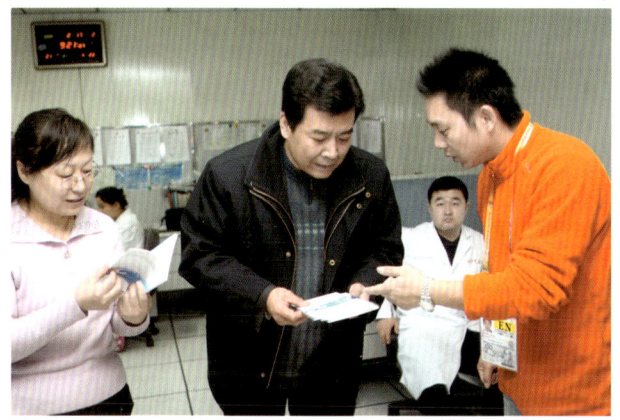

# 气象服务

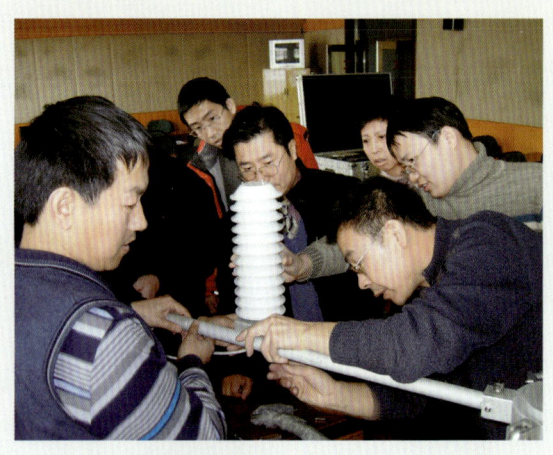

哈尔滨市气象局举办大冬会便携式移动气象站使用维护培训班

2009年2月3日,中国气象局气象探测中心、中国华云技术开发公司派出技术人员,对竞赛场地新安装自动气象站等装备进行技术检定

2009年2月16日,帽儿山临时气象台全体人员正式入驻比赛现场

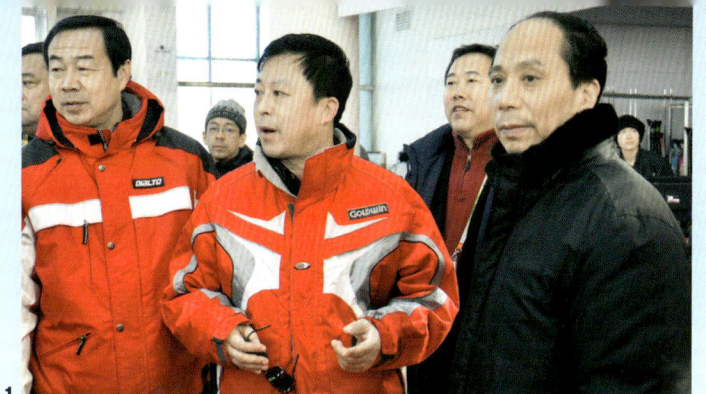

## 领导重视

1. 大冬会名誉主席、黑龙江省省委书记吉炳轩视察亚布力赛场,对气象服务保障的筹备工作给予高度评价
2. 中国气象局副局长矫梅燕听取黑龙江省气象局党组关于大冬会气象服务保障工作情况的汇报
3. 中央纪委驻中国气象局纪检组组长、中国气象局党组成员孙先健到大冬会滑雪项目亚布力赛场的临时气象台视察
4. 大冬会前,中国气象局在北京举行新闻发布会,中国气象局新闻发言人、办公室主任于新文主持

# "大冬会"气象服务动员会

1. 为做好第24届大冬会的服务保障工作，黑龙江省气象局积极组织和动员
2. 黑龙江省气象局对大冬会气象服务先进集体和个人进行表彰
3. 黑龙江省气象局举行新闻发布会，对大冬会气象服务准备情况及大冬会举办期间的天气进行预测

技术保障人员对冰壶比赛气象保障仪器进行维护

黑龙江省气象应急指挥车正式进驻亚布力赛场，技术人员对移动车进行全面的调试检查

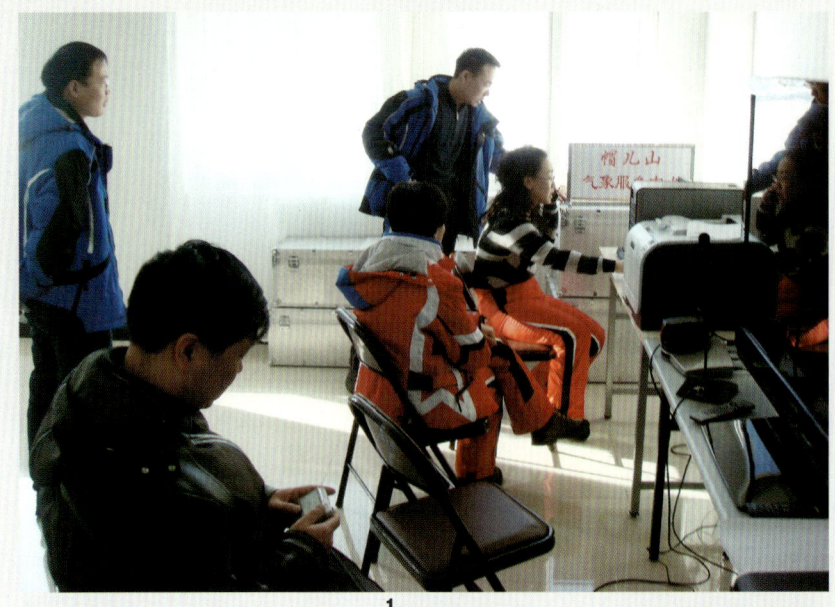

1. 帽儿山气象站完成测试
2. 亚布力临时气象台工作人员正赶制提供给组委会的预报服务产品
3. 技术保障人员进行现场调试

经过一夜的飘雪,气象仪器被3~4厘米的积雪覆盖,为保证比赛需要的及时、准确、快速气象数据,技术保障人员于凌晨分赴各个赛点,对气象仪器进行积雪清扫和技术维护

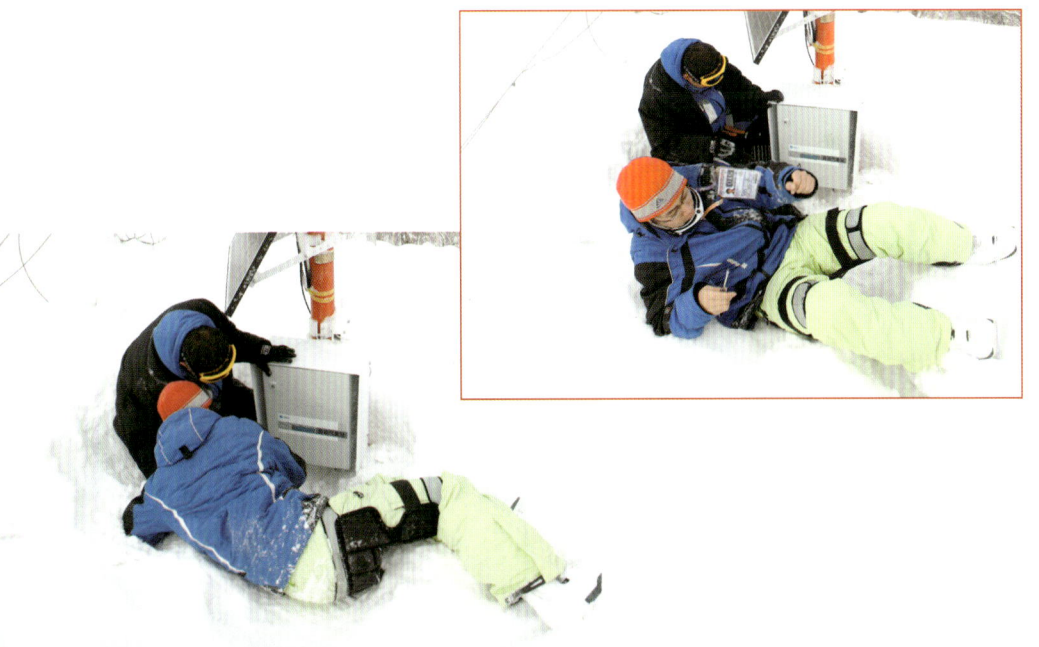

根据赛事需要，本届大冬会首次设立气象主管

工作人员对空中技巧赛场地自动站进行维护

临时气象台的技术人员在分析最新的气象信息

气象应急指挥车上的技术人员在进行加密观测

设在越野滑雪场出发点的自动气象站

技术人员正在拆卸完成使命的气象装备

# 宣传服务

大冬会气象服务前方报道组密切跟踪气象服务积极进行相关采访和节目制作

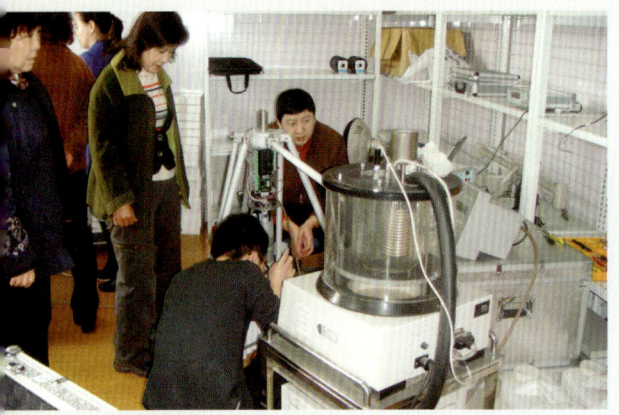

1  2

# 部门联手

1. 为确保大冬会气象服务网站安全、稳定的运行,黑龙江省气象局特邀请省信息产业厅技术人员对大冬会气象服务网站进行压力测试
2. 大冬会大学生志愿者成为冰壶比赛气象助理
3. 担负大冬会安保任务的武警战士在风雪中执勤
4. 专业承担大冬会亚布力赛区应急抢救任务的直升机机组成员整装待命

3

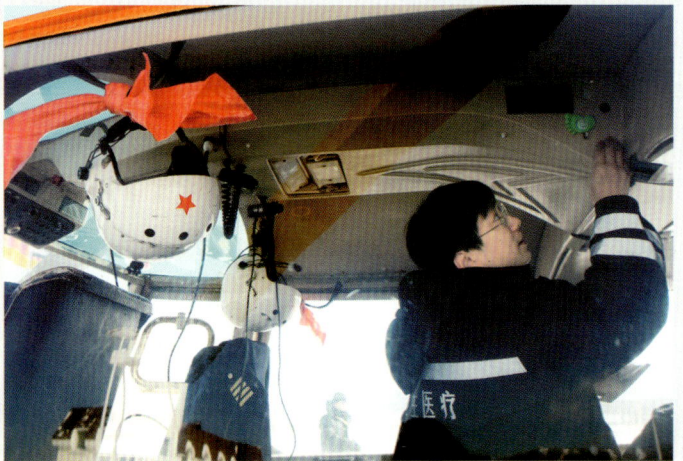

4

技术人员整理赛道，确保赛事正常进行

## 国际合作

# 场馆介绍

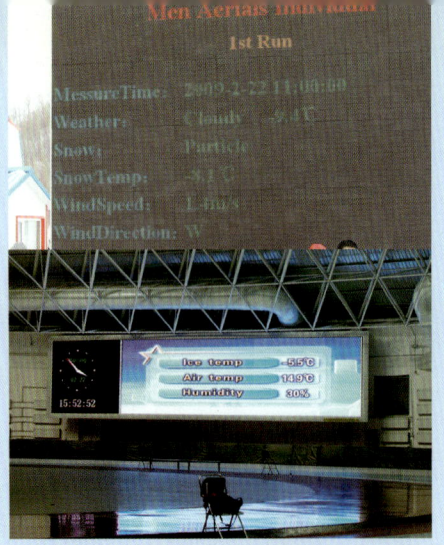

服务产品

# 成功·完美·出色

## ——哈尔滨第24届世界大学生冬季运动会气象保障纪实

黑龙江省气象局 编

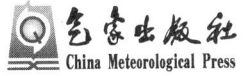

**图书在版编目(CIP)数据**

成功·完美·出色:哈尔滨第24届世界大学生冬季运动会气象保障纪实/黑龙江省气象局编. —北京:气象出版社,2010.9
ISBN 978-7-5029-5038-5

Ⅰ.①成… Ⅱ.①黑… Ⅲ.①世界大学生运动会-气象服务-概况-哈尔滨市-2009 Ⅳ.①P451

中国版本图书馆 CIP 数据核字(2010)第 171509 号

气象出版社出版
(北京市海淀区中关村南大街 46 号 邮编:100081)
总编室:010-68407112 发行部:010-68409198
网址:http://www.cmp.cma.gov.cn E-mail:qxcbs@263.net
责任编辑:于建慧 终 审:赵同进
封面设计:魏新哲 责任技编:吴庭芳 责任校对:赵寄宇
\* \* \*
北京京科印刷有限公司
气象出版社发行 全国各地新华书店经销
\* \* \*
开本:680×960 1/16 印张:13.75 字数:232.8千字 彩插:12
2010 年 9 月第 1 版 2010 年 9 月第 1 次印刷
印数:1—1500 定价:40.00 元

本书如存在文字不清、漏印以及缺页、倒页、脱页等,请与本社
发行部联系调换

# 编委会

主　任：杨卫东
副主任：尹福安　孙永罡　陈永生　邓树民
　　　　高玉中
委　员：王海林　马旭清　单文庆　王会山
　　　　廉九月　曲成军　阮黎萍　王志德
　　　　王国贵　何兴奎　涂　群　宋英华
　　　　景学义　曹　彦　魏松林　韩滨茹
　　　　林海滨

# 序

2009年冬春之交，在遥远北国的大冬会，无疑是焦点中的焦点；气象，注定是关键中的关键。

第24届世界大学生冬季运动会于2月18—28日在黑龙江省哈尔滨市惊艳上演。这是继北京奥运会、残奥会后我国承办的又一高水平的国际综合体育赛事。由于大部分比赛都是在室外进行，对气象保障工作要求很高。中国气象局党组高度重视大冬会气象服务保障工作，成立了大冬会气象服务工作领导小组，制定了《大冬会气象服务保障工作实施方案》，按照奥运气象服务标准，举全部门之力，提前部署，精心筹备，积极开展气象服务保障工作。气象宣传工作者全程参与，全力投入，以生动翔实的报道，把气象部门、气象科学、气象工作者在大冬会气象服务中的点滴传递给广大读者，成为气象服务保障队伍中一支不可或缺的力量，擎起了一份沉甸甸的责任，交出了一份满意的答卷。

如果说北京奥运会用美轮美奂的艺术展示了五千年中华文明的灿烂惊艳，那么哈尔滨大冬会则是用灵动的冰雪艺术展现了北国的无穷魅力。气象服务保障无疑为这份灵动增添了一份厚重的守望。

为做好大冬会气象服务保障工作，黑龙江省气象局充分借鉴奥运气象服务成功经验，运用奥运气象服务成果，加强了精细化监测和预报，强化了现场针对性气象服务，研究开发了赛场天气预报技术及业务系统和天气预报服务保障系统，组建了以哈尔滨市气象局为主体的大冬会气象服务中心及3个现场服务团队，并在赛场设置了专门的气象站，形成了比赛现场、大冬会气象服务中心、中央气象台、大冬会组委会紧密的服务链。提前准确预报赛事期间天气趋势和开闭幕式天气，实时加密监测，确保了各项比赛的顺利进行，得到了各国官员及运动员的高度评价。中共中央政治局委员、国务委员刘延东为大会发来的贺信中,特别对气象服务保障工作给予表扬,并在大冬会气象服务情况汇报上批示指出,为确保大冬会顺利进行,中国气象局做了大量工作,向所有参与气象服务工作的同志们表示感谢。与此同时,大冬会组委会,黑龙江省委、省政府,哈尔滨市委、市政府,都对大冬会气象服务保障工作给予高度评价。

大冬会气象宣传报道工作是展现气象部门风采的重大舞台,受到中国气象局、黑龙江省气象局领导的高度重视。中国气象局派出了中国气象局公共气象服务中心、华风气象影视集团、中国气象报社等单位的宣传报道骨干,会同黑龙江省气象局的宣传报道人员,组成了25人的联合气象宣传报道团队,用他们手中的笔、照相机、摄像机为我们记录下了一个个精彩感动的瞬间。无论前期的筹备,赛时的跟踪保障,还是赛后的信息反馈,他们都以新闻工作者特有的敏锐视角,记录了气象人在大冬会上坚毅的足迹,将其定格为记忆。在发挥内部宣传力量作用的同时,充分利用社会主流媒体宣传气象是这次宣传工作取得成功的重要因素。此次宣传报道数量之大、声势之强、效果之好令人赞叹。根据网站搜索显示,百度可搜索关于大冬会气象服务相关信息十万余条,Google可搜索相关信息三万余条。特别是将气象服务、气象人的风采通过中央电视台、新华社等社会传播平台展现世人,取得了事半功倍的宣传效果,使大冬会成为向社会宣传气象,赢得理解和支持的重要舞台。

大冬会圆满落幕,一幕幕让人激动的瞬间已定格成永恒。当人们再谈起那曾经的精彩,气象无疑是其中最闪亮的部分之一。《成功·完美·出色——哈尔滨第24届世界大学生冬季运动会气象保障纪实》真实记录了那些难忘的日日夜夜,《成功·完美·出色——哈尔滨第24届世界大学生冬季运动会气象保障纪实》是总结,更是我们发展的动力。

中央纪委驻局纪检组组长  
中国气象局党组成员　

2010年3月5日

# 目 录

## 关 怀 篇

国务委员刘延东充分肯定大冬会气象服务 …………………………（3）
雪后盼风停　大体联主席气象台"取经" …………………………（4）
大体联主席乔治·基里安　气象服务工作做得非常好 ……………（5）
访国际大体联国际技术委员会主席罗格·罗斯 ……………………（6）
大冬会气象服务赢得国际赞誉 ………………………………………（7）
孙先健检查大冬会气象服务前期准备工作时要求
　　再作动员再鼓干劲再加措施 ……………………………………（9）
孙先健高度重视大冬会气象服务宣传工作 …………………………（10）
孙先健组长慰问大冬会亚布力临时气象台工作人员 ………………（11）
孙先健组长肯定大冬会气象服务宣传工作 …………………………（12）
紧贴需求　主动及时　软硬并重　强化应急 ………………………（13）
气象专家做客政府门户网站介绍大冬会气象服务保障情况 ………（18）
专访：大冬会北欧两项技术代表乔拉姆 ……………………………（19）
大冬会气象新闻发布通稿 ……………………………………………（21）
速度滑冰总裁判长称气象服务拿到了大冬会比赛的金牌 …………（26）
在第24届大学生冬季运动会气象服务保障工作总结表彰大会上的
　　讲话 ………………………………………………………………（27）

## 筹 备 篇

**气象部门积极备战**

世界大学生冬季运动会气象服务保障工作进入倒计时阶段 ………（41）
哈尔滨举办大冬会便携式移动气象站使用维护培训班 ……………（42）
哈尔滨市气象局服务冰壶比赛为大冬会做准备 ……………………（43）
哈尔滨市气象台召开大冬会测试赛总结交流座谈会 ………………（44）

气象部门用奥运标准服务大冬会 ………………………………… (45)
大冬会雪场气象灾害天气预报投入试运行 ……………………… (46)
气象工作人员检查大冬会赛场自动站 …………………………… (47)
牡丹江全力做好"大冬会"气象服务 ……………………………… (48)
中央气象台多措施保障大冬会 …………………………………… (49)
专家解读大冬会天气及气象服务:适宜比赛进行 ……………… (50)
气象局以奥运的标准服务大冬会 ………………………………… (52)
大冬会做好人工增雪准备　保障比赛用雪 ……………………… (53)
黑龙江大冬会气象条件适宜各项比赛 …………………………… (54)
牡丹江全力做好大冬会气象服务　采集实时数据 ……………… (55)
各路记者齐聚哈尔滨宣传大冬会气象服务 ……………………… (56)
气象条件总体适宜大冬会比赛进行 ……………………………… (57)
首次大冬会气象服务专题可视化天气会商举行 ………………… (58)
大冬会黑龙江气象信息报道组成立 ……………………………… (59)
黑龙江省气象局对大冬会天气会商中心任务进行再协调再部署 … (60)
吉林省气象局连夜为大冬会送来监测设备 ……………………… (61)
气象站最后调试完毕　完全进入大冬会服务状态 ……………… (62)
前线记者连发现场报道　气象报社大冬会宣传全面展开 ……… (63)
新需求催生大冬会气象服务中心新预案 ………………………… (64)
冰上场馆气象服务小分队进行自动站调试 ……………………… (65)
大冬会开幕在即　气象服务紧锣密鼓 …………………………… (66)
受大风降温天气影响亚布力暂停适应性训练 …………………… (67)
采访日志:初识哈尔滨 ……………………………………………… (68)
采访日志:亚布力—帽儿山 ……………………………………… (69)
采访日志:再上亚布力 ……………………………………………… (71)
黑龙江省气象局对全省观测设备进行最后检查 ………………… (73)
黑龙江省气象局 24 小时监控全省观测资料 …………………… (74)

**兄弟部门通力协作**
大冬会召开在即　哈尔滨综合污染防治保障比赛进行 ………… (75)
哈尔滨大冬会期间能否确保出行畅通? ………………………… (76)
大冬会场馆除雪忙 ………………………………………………… (79)
40 余辆环保公交今起服务大冬会 ……………………………… (80)
气象环保联姻助力"绿色大冬会"目标 ………………………… (81)
风雪预报也是军令 ………………………………………………… (82)

# 服 务 篇

## 总体部署

四年磨剑为今朝　气象情牵大冬会精细化服务助力大冬会完美开幕
　……………………………………………………………………（85）
气象信息成为赛场竞委会领队会首议内容 ……………………（87）
黑龙江气象信息中心确保大冬会网络安全 ……………………（88）
哈尔滨市气象台运用奥运成果服务大冬会 ……………………（89）
联合报道队伍克服困难做好宣传工作 …………………………（90）
沈阳中心气象台为第24届大冬会赛场提供精细预报 …………（91）
天气成为赛前会第一话题 ………………………………………（92）
黑龙江省气象局对大冬会气象服务再作部署 …………………（93）

## 亚布力赛区气象保障

亚布力气象台为国外参赛代表队提供首份气象资料 …………（94）
临时气象台克服恶劣天气安装便携式自动站 …………………（95）
临时气象台亮相亚布力滑雪场首次领队会 ……………………（96）
亚布力将开始为期两天的正式雪上训练 ………………………（97）
亚布力赛场竞委会设立气象信息专用信箱 ……………………（98）
采访日志：入驻亚布力 …………………………………………（99）
大冬会跳台滑雪正式训练结束　将清理蓬松新雪 ……………（101）
赛场天气预报传遍亚布力各个角落 ……………………………（102）
移动气象车为雪上项目提供服务 ………………………………（103）
亚布力21日有降雪赛程调整　临时气象台成关注焦点 ………（104）
亚布力气象台靠前服务以优质准确及时赢得赞誉 ……………（105）
亚布力降雪明显减小　跳台滑雪迎来挑战 ……………………（106）
大学生运动员征服艰苦越野滑 …………………………………（107）
气象信息专报成为各参赛队必读物 ……………………………（108）
便携式自动气象站时刻保障跳台滑雪 …………………………（109）
大冬会屡受天气影响　一高山速降选手中途退赛 ……………（110）
大冬会女子跳台个人K90决赛因天气原因推迟 ………………（112）
大冬会受恶劣天气干扰　亚布力赛区再度调整赛程 …………（113）
自由式滑雪空中技巧项目在完美天气中开练 …………………（114）

大冬会首次启动气象应急保障车应对多变天气 …………………… (115)
精准预报为赛事抓住好天气 ………………………………………… (116)
采访日志:天气很重要 ………………………………………………… (117)
大冬会越野滑雪因气温偏低被推迟一小时 …………………………… (119)
天气唱主角 亚布力优质服务赢赞誉 ………………………………… (120)
雪上项目频繁调整 左右赛程的大冬会精细气象 …………………… (121)
亚布力自动气象站观测未受降雪影响 ………………………………… (123)
越野赛因天气原因被推迟 …………………………………………… (124)
自由式滑雪个人技巧训练顺利进行 …………………………………… (125)
亚布力赛区刮起烟泡 赛程再次更改 ………………………………… (126)
精准预报天变脸 直升飞机应急忙 …………………………………… (127)
自由式滑雪女子个人技巧如期举行 …………………………………… (128)
采访日志:赛场天气变化多端 ………………………………………… (129)
赛场气象站服务赛事 ………………………………………………… (131)
亚布力气象台与国际先进气象平台交流 ……………………………… (134)
亚布力气象台与中央气象台等联合会商 ……………………………… (135)
采访日志:天晴风小 …………………………………………………… (136)
降雪没有影响女子大回转比赛 ……………………………………… (137)
亚布力风力适宜 自由式滑雪期待佳绩 ……………………………… (138)
亚布力气象台精心制作"温馨返程天气预报" ………………………… (139)
亚布力赛场气温下降 滑雪切忌保暖 ………………………………… (140)
自由式滑雪赛场自动气象站谢幕大冬会 ……………………………… (142)
站好最后一班岗 自由式滑雪赛场气象站完美谢幕 ………………… (143)
亚布力天晴风大 雪上项目赛程进行调整 …………………………… (145)
北欧两项技术代表乔拉姆与亚布力临时气象台工作人员依依惜别
　………………………………………………………………………… (146)
亚布力降雪停止 雪上项目尽显风采 ………………………………… (147)
准确预报挽救大冬会雪上项目 ………………………………………… (148)
采访日志:风波再起 …………………………………………………… (150)
亚布力天气晴好 适宜越野滑雪的进行 ……………………………… (152)
精准预报确保大冬会项目决赛顺利进行 ……………………………… (153)

**帽儿山赛区气象保障**

帽儿山临时气象台提前一天进入实战 ………………………………… (154)

帽儿山 20 日天气较好　雪上项目开战 …………………… (157)
帽儿山好天气助首场比赛顺利进行 ……………………… (159)
帽儿山可能阵雪　单板滑雪演绎人雪共舞 ……………… (160)
帽儿山赛区未来 7 天赛事将不受天气影响 ……………… (162)
三道防线护卫帽儿山　风平雪静比赛顺利进行 ………… (163)
雪板测温打蜡　气象成决胜因素 ………………………… (164)
气象站及时反馈信息　帽儿山比赛进展顺利 …………… (165)
帽儿山赛区未来七天比赛不受天气影响 ………………… (166)
帽儿山单板滑雪 U 池今日决赛 …………………………… (167)
哈尔滨天气适宜　对大冬会闭幕式无影响 ……………… (168)

**室内场馆气象保障**
哈尔滨总体天气情况适宜大冬会开幕式举行 …………… (169)
速滑馆便携式自动气象站迎战大冬会 …………………… (170)
大冬会首金诞生　中国选手获亚军 ……………………… (171)
速滑馆首金产生　气象服务首战告捷 …………………… (172)
哈尔滨气象局特派小组服务大冬会冰壶赛 ……………… (173)
中国冰壶女队喜迎开门红 ………………………………… (174)
哈尔滨气象局三支小分队服务冰上场馆 ………………… (176)
哈尔滨雪中迎来短道速滑开赛 …………………………… (177)
气象部门启动预案满足哈尔滨冰上基地滑冰馆新需求 … (179)
精细化气象服务力助女子 3000 米速滑决赛顺利进行 … (180)
气象部门紧急处理突发事件确保比赛正常进行 ………… (181)
制冰大师斯科特·汉德森:完美的冰需要完美的气象条件 … (182)

**服务侧记**
聚焦大冬会:一份特别的临行礼物 ……………………… (186)
气象激扬青春冰雪见证未来——第 24 届大冬会气象保障服务
　　侧记 ……………………………………………………… (188)
雪中燃烧的激情——大冬会自动气象站建设小记 ……… (191)
聚焦大冬会　冰城天气别样魅力 ………………………… (193)
黑龙江省气象局隆重召开大冬会气象服务工作先进集体、先进
　　个人表彰大会 …………………………………………… (197)

## 科 普 篇

哈尔滨2009年世界大冬会项目设置 …………………………（201）
大冬会与气象条件的关系 ……………………………………（203）
大冬会雪上项目对气象条件的要求 …………………………（204）
气象条件与体育运动关系密切 ………………………………（205）
气象条件与运动员的疾病发作 ………………………………（206）
气象与体育实例集锦 …………………………………………（208）

# 关怀篇

## 国务委员刘延东
## 充分肯定大冬会气象服务

中共中央政治局委员、国务委员刘延东近日在第 24 届世界大学生冬季运动会气象服务情况汇报上批示指出,为确保大冬会顺利进行,中国气象局做了大量工作,向所有参与气象服务工作的同志们表示感谢。

本届大冬会是继北京奥运会、残奥会后我国举办的第一个高水平的综合国际赛事,也是世界大冬会历史上比赛项目最多、参赛人数最多的一届。冬季项目,尤其是雪上项目的赛事安排与天气条件密切相关。在"用奥运气象服务标准服务大冬会"这一要求的指引下,大冬会气象服务中心在组织机构、业务流程、服务方式等方面都借鉴了奥运经验。

在大冬会气象服务中,气象部门建成了覆盖雪上比赛区域的加密气象监测网,实施每分钟一次的五要素观测,为冰雪项目开赛提供了重要依据。设立的赛场临时气象台和现场服务人员为大冬会提供了贴身的气象保障服务。大冬会气象预报服务受到各级领导、大冬会组委会以及各国官员、裁判员、教练员、运动员的好评。

(2009 年 3 月 16 日,来源:中国气象报社,作者:苗艳丽)

## 雪后盼风停　大体联主席气象台"取经"

2月22日一大早,亚布力气象台十几平方米的办公室已变得拥挤起来,国际大体联技术委员会主席罗格·罗斯、北欧两项技术委员会主席、跳台滑雪竞委会主席保罗·甘赞呼贝尔和北欧两项技术代表乔·拉姆专程来到亚布力气象台询问天气情况,就天气系统及风力情况与气象台台长曹彦进行了交流,高山滑雪竞委会竞赛长郭军更是每10分钟就来询问一次天气预报情况,焦急地等待亚布力气象台的预报结果,亚布力气象台成最热门焦点。其所提供的针对性强、准确率高的气象服务得到了国际大体联官员们的高度赞扬。

据悉,随着22日早上亚布力降雪停止,阳光晴好,但风力加大,除了自由式滑雪空中技巧比赛之外,高山滑雪超级大回转男女比赛、北欧两项和跳台滑雪比赛均被迫取消,雪后风何时能停成为整个亚布力赛场关注度最高的话题。

21日傍晚,雪花开始飘落在亚布力上空,深夜时分雪势加大。22日早上虽然是阳光明媚,但是风力却格外大,这和气象台的工作人员所预报的一致。亚布力气象台台长曹彦和所有的预报测报人员一起,对预报内容进行了会商和讨论。为了能够准确观测高空梯度风,还启动了应急观测预案,利用应急指挥车和风廓线雷达对冷平流层和暖平流层各层的风力风向进行加密观测,最后得出的结论是:22日上午,温度变化不大,在-14℃至-11℃之间,雪温为-11℃,但是风力会加大。

从21日凌晨3点开始,亚布力各赛区风力开始加大,22日早上,天气印证了预报内容——亚布力赛区各赛场瞬时风速可以达到10米/秒,高山滑雪起点瞬时风速甚至达到了20米/秒。

亚布力临时气象台台长曹彦介绍,预计今天下午2点以前,风速不会降到15米/秒以下,今天系统高压移进,明天将被高压控制。

各竞委会根据亚布力气象台的准确气象服务情况对比赛情况进行了调整,其中跳台滑雪和北欧两项比赛因为风力加大而停止比赛,高山滑雪因为风力加大无法开通索道,因此,除了自由式滑雪的空中技巧比赛因风力较小能够正常进行外,上午进行的其他比赛都将推迟到明天。

(2009年2月22日,来源:中国气象报社,作者:杨梅菊、高海虹)

## 大体联主席乔治·基里安
## 气象服务工作做得非常好

2月24日上午,世界大体联主席乔治·基里安在帽儿山单板滑雪U池赛前接受记者采访时表示,大冬会气象服务工作做得非常好。

当记者问及哈尔滨的天气是否有利于比赛进行时,乔治·基里安表示,这个季节哈尔滨的天气非常适合比赛的进行。即使天气有任何变化,大会组委会也会根据准确的天气预报及时调整比赛日程。他还非常满意地告诉记者:"每天的大冬会气象信息都很及时、准确,气象服务工作做得非常好。"

(2009年2月24日,来源:中国气象报社,作者:杨梅菊、马旭清)

# 访国际大体联国际技术委员会主席罗格·罗斯

2月24日晚,国际大体联国际技术委员会主席罗格·罗斯接受了中国天气网记者的专访,给予亚布力气象台的气象服务工作给予充分肯定。

罗格·罗斯曾经在2月22日专程来到亚布力气象台,并与曹彦台长就天气系统及风力情况进行了讨论,曹彦台长直接用英语和他进行了交流,这些针对性强、准确率高的气象服务得到了罗格.罗斯的高度赞扬,亚布力气象服务团队也给罗格·罗斯留下了美好的印象。

罗格表示,在雪上项目中,天气预报是非常重要的,在每天的领队会上,各项目竞委会都要了解第二天的天气情况,以便运动员提前知道穿着什么样的服装,并对明天的比赛做出正确决定。冬季运动是一项户外运动,运动员必须适应比赛的环境条件,国际雪联规定,如果天气特别寒冷,必须停止比赛,因此,竞委会必须提前得到天气的详细信息。在亚布力,气象台的工作人员为各项目竞委会提供了非常专业、有益的气象信息,使运动员能够适应这里的环境,顺利的比赛。

对于亚布力的气象服务团队,罗格给予了很高的评价,称其是一个非常专业的团队,为第二天的比赛提供必需要的信息,帮助每个队做出正确的比赛决策。从各个竞委会的领队反馈的意见来看,他们在当天领队会上可以了解第二天的天气变化,能够得到这样专业的气象服务非常幸运。

(2009年2月25日,来源:中国天气网,作者:景阳、高海虹)

# 大冬会气象服务赢得国际赞誉

随着大冬会赛程过半,优质、准确、及时的气象服务在众多服务保障中突显,受到各国技术代表与运动员的肯定,赢得国际赞誉。

自大冬会开赛以来,黑龙江省气象局始终以"专业化、精细化"为原则,积极做好大冬会气象服务保障工作。黑龙江省气象局党组书记、局长杨伟东多次亲自参加大冬会天气会商,并结合每次会商结果,针对各赛场不同天气状况,对气象服务保障提出明确要求。亚布力、帽儿山临时气象台主动靠前服务,按照各项比赛对于气象条件的具体要求,将详实、准确、权威的气象要素提供于各单项竞委会,为各竞委会领队会议专门制作画面简洁、清晰明了的 ppt 天气信息。各国技术代表常常根据天气信息拟订第二天的比赛战术,各竞委会也根据天气的实时监测情况,确定比赛项目和时间。

帽儿山冬季两项赛场

同时,黑龙江省气象信息中心与省气象影视宣传中心携手,在竞赛指挥中心一楼的触摸屏大冬会官方网站上,与黑龙江省气象台、亚布力气象台预报发布建立链接,任何人只要轻按触摸屏进入该系统,就会看到黑龙江卫视发布的天气预报视频节目。亚布力临时气象台还在竞赛指挥中心一楼设立气象专用信箱,用于及时收集各竞委会对气象信息的需求,以便制作出最直接、最易懂、最明了的气象预报产品,为组委会提供优质气象服务保障。

2月19日，高山竞委会技术代表中村実彦来到亚布力气象台，询问高山滑雪比赛气象信息，曹彦台长用英语向中村実彦做了准确的解答，2月20日，中村実彦再一次来到亚布力气象台，专程感谢亚布力气象台提供的准确、及时的气象服务，盛赞中国气象工作人员流利的英语水准，对气象信息专业术语表达的直接而准确。

2月21日，英国队教练Lee Steven来到亚布力气象台，对于曹彦用英语流利、专业而准确的介绍，Lee Steven不仅对中国气象人精益求精的服务精神大加赞赏，更是钦佩中国气象人的才华。

2月22日，国际大体联技术委员会主席罗格·罗斯、北欧两项技术委员会主席、跳台滑雪竞委会主席保罗·甘赞呼贝尔、北欧两项技术代表乔·拉姆及多位国际竞赛主席和技术代表来到亚布力临时气象台，探询天气状况。亚布力气象台启动应急观测预案，启动了应急指挥车和风廓线雷达，快速而准确的做出了预报，并就预报结果与各国技术代表进行了耐心的沟通。这些针对性强、准确率高的气象服务赢得了他们的高度赞扬。

2月22日，北欧两项比赛技术代表乔·拉姆在接受中国气象频道的专访中，称亚布力气象台为大冬会提供的气象服务是全方位、最周到、最准确、最及时的气象服务，并指出，气象服务对雪上项目比赛非常重要，气象服务的准确、及时可以为比赛提供可靠的技术支持和指挥保障。

2月24日下午，大冬会速度滑冰总裁判长罗兰德·梅尔拉德在成绩处理系统负责人的陪同下，亲自来到速滑馆自动气象站前，了解观测设备和观测方法。在外道、内道和准备道一周选取多个点，亲自使用仪器测量，对于测试结果他相当满意，认为气象处技术人员上报的数据精确、真实、可靠。

为了给比赛提供准确、清晰、严密的服务，速滑馆气象处工作人员根据实际要求设计了科学合理的服务程序和报表统计方法，清晰、明了、全面的反映了赛场的气象信息，罗兰德对此项工作高度认可，他说，统计手段有必要向其他国际大型赛事场馆推广。罗兰德最后赞许地说："你们也拿大冬会比赛的金牌了！"

(2009年2月25日，来源：中国天气网，作者：王世彤、袁长焕、张海玉、马旭清、高海虹)

# 孙先健检查大冬会气象服务前期准备工作时要求再作动员再鼓干劲再加措施

2月17日上午,中央纪委驻中国气象局纪检组组长、局党组成员孙先健等一行抵达哈尔滨,检查大冬会气象服务工作的前期准备情况。孙先健对前期筹备工作给予了充分肯定。

大冬会气象服务领导小组常务副组长、哈尔滨市气象局局长尹福安就大冬会气象服务保障工作的筹备情况作了详细汇报。

听取汇报后,孙先健说,黑龙江省气象局和哈尔滨市气象局对大冬会气象服务保障工作高度重视,组织周密,采取了很多得力措施,目前准备工作十分充分,得到了国际代表团的肯定和大冬会组委会的认可。

大冬会开幕式在即,孙先健强调,气象服务保障工作面临实战,尽管已经发布了赛事期间无高影响天气出现的信息,但对于可能发生的任何天气事件都要高度关注,要充分借鉴奥运会和残奥会的经验。大冬会气象服务团队的同志们要再作动员、再鼓干劲、再加措施,为办一届"成功、完美、最出色"的大冬会的目标贡献力量,通过高水平的气象保障全面展示中国气象人的风采和中国气象事业在国际上的良好形象。

在哈尔滨市气象局,孙先健还分别与亚布力和帽儿山临时气象台的现场工作人员进行视频通话,代表中国气象局党组向大冬会一线服务人员表示慰问。

(2009年2月17日,来源:中国气象报社,作者:杨梅菊、马旭清)

# 孙先健高度重视大冬会气象服务宣传工作

"宣传工作非常重要。"2月17日上午,正在哈尔滨检查大冬会气象服务准备工作的中央纪委驻中国气象局纪检组组长、局党组成员孙先健专门了解了大冬会气象服务宣传工作,并提出相关要求。

孙先健说,对于大冬会气象服务的宣传工作要高度重视,要有专人负责、专人把关,气象服务宣传必须做到主动、公开、透明。

据黑龙江省气象局办公室副主任马旭清介绍,此次大冬会气象服务宣传工作准备十分充分,信息的发布实行专人负责制度,整体宣传工作具备准确、严谨和主动的特点,所有宣传工作人员将努力向公众充分展示气象人的风采,展示气象事业的良好形象。

(2009年2月17日,来源:中国气象报社,作者:杨梅菊、刘晓林)

# 孙先健组长慰问大冬会亚布力临时气象台工作人员

2月19日上午,中央纪委驻中国气象局纪检组组长、局党组成员孙先健等一行来到大冬会滑雪项目亚布力赛场,考察亚布力临时气象台,察看越野滑雪项目比赛场地的自动气象站,慰问现场工作人员。

在亚布力临时气象台,一间不到20平方米的小房间被挤得水泄不通。孙先健关切地对大家说:"七项雪上项目有五项是在亚布力举行,你们身上的担子很重,在保证圆满完成大冬会气象服务工作的同时,一定要注意身体,注意休息。""我们的身体都没问题,我们有信心准确、及时、万无一失地完成大冬会的气象服务任务。"临时气象台台长曹彦充满信心地回答。

在离开气象台赴越野滑雪赛场之前,孙先健组长的手里多了一样东西——大冬会吉祥物"冬冬"的出现吸引了大家的目光。原来,孙先健组长此次不仅带来了食品、饮用水等慰问品,还专门购置了这件特殊的礼物,来鼓舞大家的干劲。

在越野滑雪项目赛场,孙先健仔细察看了安装在场地外围的自动气象站,并详细了解了维护、数据采集和积雪清扫等方面情况。

(2009年2月19日,来源:中国气象报社,作者:杨梅菊、马旭清)

# 孙先健组长肯定大冬会气象服务宣传工作

2月23日,中央纪委驻中国气象局纪检组组长、局党组成员孙先健对第24届大学生冬季运动会气象服务宣传工作给予充分肯定。他向奋战在大冬会气象报道一线的同志们表示慰问和感谢,并指出,大冬会气象服务宣传工作投入的力量很大,前一阶段的宣传工作很有成效。

孙先健希望大冬会气象服务宣传报道组继续努力,在宣传方式上勇于创新,着力加强深度报道,确保大冬会气象服务宣传工作任务的圆满完成。

为深入报道大冬会气象服务中的热点、亮点,挖掘赛事举办过程中涌现出来的先进人物和突出事迹,展现气象服务保障工作的突出作用,中国气象报社、华风影视集团、公共气象服务中心与黑龙江省气象影视中心实现联动合作,组成联合报道组。该联合报道组目前正驻扎在大冬会赛事前线,开展有特色的大冬会气象服务报道。

(2009年2月23日,来源:中国气象报社,作者:王素琴)

# 紧贴需求　主动及时　软硬并重　强化应急
## ——第24届大学生冬季运动会气象服务领导小组常务副组长尹福安就气象服务筹备情况答记者问

2009年2月18日,世界大学生冬季运动会即将开幕,黑龙江省气象局作为组委会成员单位之一,主要负责与组委会沟通,为亚布力、帽儿山两个赛场雪上项目和哈尔滨市区三个场馆冰上项目提供现场气象服务。

近日,中国气象报记者马旭清、通讯员袁长焕就大冬会气象服务筹备情况,采访了第24届大冬会气象服务领导小组常务副组长、黑龙江省气象局党组成员、哈尔滨市气象局局长尹福安。

第24届大冬会气象服务领导小组常务副组长、黑龙江省气象局党组成员、哈尔滨市气象局局长尹福安工作照

**大冬会气象服务保障工作提出了更高的要求**

**记者:** 大冬会气象服务的主要特点有哪些?

**尹福安:** 由于冬季项目尤其是雪上项目,天气条件对比赛安排和运动员都是极大的考验,一般情况下每个参赛队都配备自己的测量风向、风速、温度等的设备,为了公平、公正和权威性,比赛成绩需要记录当时的气象观测实况信息,这个信息必须是气象认可的,大冬会期间每个项目都将派专业的气象观测员提供观测数据。

大冬会气象服务不仅需要准确及时的赛场天气预报,每个赛场甚至每个赛道的实时气象信息监测也至关重要，因为大会组委会甚至每个赛道都将根据现场天气情况随时调整比赛时间和场次。这就对我们的气象服务工作提出了更高的要求，不仅需要天气预报的精细化，同时更需要现场监测信息的精细化。

**记者**：大冬会对气象服务的需求有哪些？

**尹福安**：大冬会对气象服务的需求主要来自于开（闭）幕式、火炬传递、各项比赛赛事、哈尔滨城市运行以及公众健康等方面，重点是亚布力、帽儿山7条雪道和哈尔滨市3项冰上项目比赛对气象监测和预报的需求。主要包括赛事天气预报、实况需求，大冬会赛事适宜气象条件，大冬会高影响天气预报需求，开（闭）幕式、火炬传递和公众气象预报需求等；主要服务对象包括：各单项竞委会、大冬会组委会、政府决策部门、城市运行各部门和国内外大冬会观众、旅游者、一般公众等其他用户。

需要为城市运行各部门提供气象预报、预警和专业、专项气象服务（如交通、安保、旅游、突发公共事件等），向政府部门提供决策气象服务，还有围绕大冬会举行的一系列大型活动的公众气象服务。

**大冬会气象服务主动及时　受到了组委会好评**

**记者**：到目前为止，气象服务筹备工作落实了哪些具体内容？

**尹福安**：大冬会气象服务主动及时，受到了组委会好评。

一是根据需要提前制定了气象服务保障工作实施方案、实施细则及气象服务手册。2008年初，就制定了《大冬会气象服务保障工作实施方案》，5月正式向组委会提交，9月《方案》正式批准，其中详细地汇报了大冬会期间气象服务保障具体要做的工作。

2008年11月中旬，编写了《2009年世界大学生冬季运动会气象服务保障实施细则》，进一步明确了领导小组下设的办公室、预报服务中心、信息保障中心、应急保障中心和宣传报道中心的具体任务，尤其是工作流程、服务产品、网络保障、应急和宣传等工作任务落实到人；同时上报中国气象局，经中国气象局有关部门审定后进行转发。省气象局还多次召开工作推进会，全面推进各项工作的落实。

此外，我们还收集整理了哈尔滨、亚布力和帽儿山赛区1961—2008年气象观测资料和为大冬会增设的自动气象站资料，分析了对体育运动有重要影响的气候要素特征以及极端天气事件等，并依此完成《第24届世界大学生冬季运动会气象服务手册》中、英文部分的编写工作，已印刷出版。

二是积极做好为国际代表团会议提供气象准备情况说明工作。2008年8月23日至28日国际代表团来哈尔滨考察大冬会筹备情况,由于各国代表来哈尔滨是为了全面考察大冬会比赛场地、场馆以及配套设施是否完备,7月4日,我们为组委会提供了完整的气象服务计划,并随代表团考察亚布力、帽儿山室外场地,通过组委会介绍,代表团对气象服务没有提出任何异议。

三是积极做好同组委会有关系统的对接。落实了竞赛成绩计分气象信息系统、气象信息和大屏幕公告系统的对接渠道;与环保部门联合落实了《大冬会空气质量预报会商及预报方案》和《大冬会期间污染天气新闻沟通预案》,大冬会期间,市环境监测站和市气象台信息资料共享,联合会商,最终形成空气质量预报结果。当出现极端不利的气象条件时,市气象台将最大限度地提前作出预测,市环境监测站将就可能形成的空气污染程度向有关主管部门及时报告和预警,从而确保达到省政府提出的"绿色大冬会"的要求。

### 哈尔滨市气象局为大冬会提供一流的气象服务

**记者:** 大冬会气象服务保障的硬件设备投入主要有哪些?

**尹福安:** 为了更好地完成大冬会气象服务保障工作,提升大冬会气象服务水平,我们新购置了17套自动气象站和2台自动站资料接收中心平台服务器,配合卫星云图、雷达使气象监测能力达到国际水平。其次,购置了亚布力、帽儿山两个临时气象台的可视化会商等设备,安装了哈尔滨到亚布力和帽儿山的两条6兆带宽的VPN光纤虚拟网络专线,保障可视化会商系统正常运行和气象信息的传输。

**记者:** 大冬会气象保障的具体业务系统建设主要有哪些?

**尹福安:** 经过全体技术人员共同努力,大冬会气象预测服务系统所包括的赛场天气预报技术及业务系统建设和天气预报服务保障系统两个研究专题共12个研究课题都已完成并投入业务运行。具体包括:对MM5细网格数值预报模式按精细化要求进行本地化;对数值模式预报产品进行综合集成;体育比赛场地短期、中期天气预报业务系统;引进开发多普勒雷达新产品;监测资料数据库系统;空气质量模式预报技术;WRF模式业务运行;临近预报方法建设;引进延伸期预报业务系统;哈尔滨市及亚布力、帽儿山大冬会期间气候条件分析。

**记者:** 大冬会气象保障主要开展哪些具体业务?

**尹福安:** 与奥运会一样,要办一届成功的大冬会一定离不开气象保障。第24届哈尔滨大冬会的气象服务保障工作受到中国气象局的高度关注,在黑龙江省气象局统一领导下,由哈尔滨市气象局承担主要工作。气象部门将集赛场实况监测、天气预报、人工影响天气、赛事服务及气象应急保障于一体,从提高基础监测水平入手,采用稳定、高性能的网络传输手段,以精细化预报方法研究为核心,为大冬会提供一流的气象服务。

针对大冬会各比赛项目开展的主要气象业务有:3小时短时临近天气预报、12小时赛场天气状况、最高最低气温、风向风速和湿度的精细化预报,哈尔滨、亚布力和帽儿山三地的7天预报;赛会期间,还会有针对性地开展大冬会各赛区沿线的交通天气预报、紫外线预报、污染指数预报和生活指数预报等;冰上赛区根据竞赛需求为各冰上场馆购置了气象自动监测站;雪上赛区各赛道起、终点的气象自动监测设备、临时气象台可视化会商设备安装调试完毕。此外,我们确定了人工增雪方案,人工增雪保障组随时待命,如遇比赛需要,遇到有利增雪的天气时机,将进行人工增雪作业。

**记者**:大冬会气象保障的岗位培训和演练的效果如何?

**尹福安**:一是在全省范围内抽调了预报服务、测报赛场气象观测、装备保障和新闻宣传等各方面的业务骨干,为大冬会气象服务充实技术力量。由于这是一项新的工作,工作人员提前上岗,有针对性地进行了培训,做到专组、专人、专岗。

二是大冬会火炬传递气象服务从中央气象台、省气象台到市气象台的会商,人员到位情况,火炬传递专向预报的制作和发布情况都经历了一次演练,为大冬会开(闭)幕式气象服务做好前期筹备。

三是到目前为止大冬会共进行了13次测试赛,通过对整个预报指导、资料传输、会商流程到现场实况监测、预报服务都经历了一遍实战,通过演练摸索了经验,查找了问题,为更好地开展气象服务奠定基础。2月9日大冬会组委会成功完成大冬会期间各单项竞赛成绩计分系统、大屏幕、广电系统以及相关工作部门的技术冻结测试,气象部门成为唯一无责任问题单位受到组委会肯定。

## 黑龙江省气象局专门成立气象应急保障中心

**记者**:本次大冬会气象应急保障的准备如何?

**尹福安**:为了做好本次大冬会气象应急保障,黑龙江省气象局专门成立了气象应急保障中心,负责协调、调动大冬会气象应急服务以及救援力量和资源。届时移动车将开赴亚布力,作为临时气象台的备份和补充。

车上设备要保证正常运转,到达现场后能快速利用卫星与省气象台、哈尔滨市气象局进行通讯,同时做到与亚布力气象台网络并接,使车上DVBS接收到的数据能够向亚布力气象台提供服务。

总之,本届大冬会我们将广泛展示我国"一流水准、成功完美、最为出色"的气象保障服务能力,宣传中国气象事业的发展成就和蓬勃发展的形象,宣扬"以人为本、无微不至、无所不在"的气象服务理念,宣传气象科普知识,进一步树立中国气象事业在国际社会中的良好形象。

(2009年2月16日,来源:中国气象报社)

## 气象专家做客政府门户网站
## 介绍大冬会气象服务保障情况

2月25日14时,黑龙江省哈尔滨市气象局副局长魏松林应约做客哈尔滨市政府门户网站,就大冬会气象服务的筹备工作、大冬会期间气象服务保障情况与网友进行在线交流。

在与网友的开放式交流中,魏松林就百姓关心的北方旱情、近期气温变化对比赛的影响、通过什么方式能查询到便捷的天气情况等问题与网友进行了交流。魏松林表示,气象部门要用"无微不至"的气象服务回报市委市政府、全市人民以及参赛运动员的重视、支持与期望。

在一个小时的互动交流中,魏松林全面细致地介绍了第24届大冬会气象保障和软硬件建设情况和赛事气象服务保障情况。

(2009年2月26日,来源:中国气象报社,作者:张玉成)

# 专访:大冬会北欧两项技术代表乔拉姆

乔拉姆是本届大冬会北欧两项技术代表,生于美国纽约州普莱西德湖畔,乔拉姆家族是一个滑雪体育世家。从青年时代作为运动员参加北欧两项运动开始,乔拉姆一直致力于北欧两项运动的推广和北欧两项运动气象保障的研究。2月24日,乔拉姆接受了中国天气网和中国气象频道的联合采访。

乔拉姆与气象台工作人员合影

记者:您对大冬会期间的气象服务印象如何?

乔拉姆:我非常高兴地发现在这个办公楼里有气象局的办公室,而且从今天开始我将可以从这里了解到更多的气象信息。

记者:天气信息对于运动员的重要性是什么?

乔拉姆:我们从这里得到的天气信息对我们运动员和官员顺利进行比赛时非常有帮助的。

记者:今天早晨,我们提供的气象信息对比赛有何帮助?

乔拉姆:我很高兴由于有了气象台给我们提供的信息,今天早上我们做了正确的决定,将北欧两项比赛推迟,而且我们有了准确的天气预报,明天我们可以在8点开始进行今天没有举行的跳台比赛,12点半进行北欧两项的越野比赛。

记者:天气条件对跳台滑雪比赛有着什么样的影响?

乔拉姆:在跳台比赛中对比赛影响最大的无疑就是风,它会影响到运动员比赛的成绩,对运动员的安全也是至关重要的。我们可以监测到跳台上风的实况,这样我们了解现在实际的情况,无法遇见到长期的变化,有了高水平的赛场预报员给我们提供的天气背景分析,我们可以知道具体的天气变化,调整比赛时间和日程,知道是否要继续进行比赛,什么时间开始比赛。

**记者**:您能比较一下本届大冬会和以往您参加过的冬季运动会的气象服务吗?

**乔拉姆**:除了在20世纪90年代初我参加了一次大冬会以后,我就没有再参加大冬会,但是我参加了上两届冬奥会北欧两项的裁判工作。我非常高兴地说这里气象服务的水平和冬奥会是完全在同一个水平的。并且我和大体联的官员都十分高兴能够在这里得到这些气象信息和优质的气象服务。对我们这些第一次到这里的人,是不可能真正理解这里的天气变化情况的,但是你们这里的气象服务人员经验非常丰富,他们给了我们巨大的帮助。

**记者**:您对亚布力气象台工作人员有什么样的印象?

**乔拉姆**:我非常高兴地看到亚布力气象台工作人员工作能力很强,英语水平很高,对不同比赛做出不同的预报,还能给我们提供很多的天气图表,对比赛帮助非常大。

**记者**:您最想对亚布力气象台的工作说什么?

**乔拉姆**:我必须对亚布力气象台的工作人员表达我们的感谢,有了他们提供的服务我们可以更好地完成第24届大学生冬季运动会亚布力赛区的所有比赛。因此,这里的预报员是我们团队的一部分,有了他们提供的信息,是他们使比赛举办成功。

**记者**:您能用一句话概括亚布力气象台在大冬会的工作吗?

**乔拉姆**:最重要的是他们的工作和努力,他们提供的信息使比赛更加安全。

(2009年2月25日,来源:中国天气网,作者:景阳、高海虹)

# 大冬会气象新闻发布通稿

## 一、近日天气

未来三天,黑龙江省多降雪天气,温度下降明显。24 小时,受西来冷空气和低压倒槽影响,我省大部有降雪天气,其中东北部地区有中雪,其他地区为小雪天气。48 小时,我省除西部部分地区为多云天气外,其他地区为小雪天气。72 小时,我省东南部地区为阵雪转晴天气,其他地区为晴好天气。具体天气预报如下:

今天下午:七台河、鸡西、牡丹江阴有中到大雪,鹤岗、佳木斯、双鸭山阴有小到中雪,伊春、哈尔滨东部多云有阵雪,其他地区多云。

今夜到明白:鹤岗、佳木斯、双鸭山、鸡西阴有中雪,哈尔滨西部多云,其他地区阴有小雪。

明夜到后白:大兴安岭、黑河西部、齐齐哈尔多云,其他地区阴有小雪。

后夜到 16 日白天:哈尔滨东部、七台河、鸡西、牡丹江多云有阵雪转晴,其他地区晴有时多云。

今夜最低气温:大兴安岭北部$-38℃\sim-40℃$,大兴安岭南部、黑河、齐齐哈尔北部、绥化北部$-23℃\sim-25℃$,伊春、大庆、齐齐哈尔南部、绥化南部$-18℃\sim-20℃$,其他地区$-15℃\sim-17℃$。

明白最高气温:大兴安岭北部$-20℃\sim-22℃$,大兴安岭南部、黑河、伊春、齐齐哈尔北部、绥化北部 $-15℃\sim-17℃$,其他地区$-9℃\sim-11℃$。

## 二、2 月 17—28 日天气趋势展望

预计 2 月 17—28 日哈尔滨市、亚布力、帽儿山降水偏少,初步分析有 3 次降水过程,以小雪和阵性天气为主;气温接近常年,但起伏变化较大,日平均气温在$-4℃\sim-16℃$之间,其中气温最高可达 3℃ 左右,最低可达$-22℃$左右。气象条件总体适宜各项比赛进行。

17—20 日哈尔滨市、亚布力、帽儿山气温有小波动。

受另一股冷空气影响,2 月下旬初气温较低,与 14—17 日接近,有一

次阵雪过程;旬中冷空气势力明显减弱,气温回升,气温最高可达3℃,其间受南来低压影响,东部将会出现一次小到中雪降水过程;旬末气温可能有所下降。

2月17—28日,平均风速接近常年,在3米/秒左右,其间明显升降温时风速较大。

# 2009年世界大学生冬季运动会气象服务准备情况

### 一、大冬会对气象服务的需求

第24届世界大学生冬季运动会(以下简称大冬会)雪上项目对气象条件要求很高,比赛日程将会根据当时的气象条件来安排调整,气象服务好坏直接影响到比赛能否顺利进行。如跳台滑雪要求风速低于3米/秒;能见度在滑雪比赛中较重要;雪温和雪质对运动员雪板打蜡的种类和多少有关。亚布力雪场面积22.55平方千米,海拔1374.8米,雪道总长度50千米,最长单条雪道5千米,落差912米,因地形复杂,气象要素预报难度大。

按照国际惯例,比赛期间气象条件的界定气象部门是权威,为了公平、公正和权威性,比赛成绩需要记录当时的气象观测实况信息,大冬会期间每个项目将派专业的气象观测员提供观测数据。

### 二、大冬会气象服务保障的组织领导

黑龙江省气象局成立了领导小组、办事机构和服务团队。抽调了全省气象部门的业务骨干组成了大冬会气象服务中心,包括亚布力、帽儿山两个临时气象台和三个冰上场馆气象服务小组及应急服务小分队。举全省气象部门之力,做好大冬会气象服务保障工作。制定《细则》,任务细化,分解到岗、落实到人、优化流程。中国气象局落实了国家级业务单位对大冬会气象服务的技术指导、通讯网络保障、装备保障和信息发布等工作。1月9日,中国气象局矫梅燕副局长到黑龙江检查和指导大冬会服务准备工作。

### 三、能力建设

1. 建成了大冬会气象监测网。由于大冬会比赛所需气象条件精细化程度较高、尤其是雪上项目海拔高差较大,需要建立空间分布较为细致的

气象监测网。为此,大冬会气象服务中心在亚布力5条雪道附近布设了11套五要素(风向、风速、温度、湿度、雪温)自动气象站,在帽儿山2条雪道及U型槽附近布设了5套五要素自动气象站,该雪上气象要素监测网覆盖了雪上比赛所必要的空间密度以及要素种类。

在哈尔滨市理工大学滑冰馆等三个滑冰馆安装了3套四要素(冰温、温度、湿度、气压)自动气象站,实时监测市内冰上项目场馆内气象信息。

2. 建立了亚布力、帽儿山临时气象台可视化会商系统。

3. 建立了360度远程摄像系统。在哈尔滨市气象台随时掌握亚布力、帽儿山雪场的天气状况及雪场状况。

4. 建设了自动站监测数据采集中心平台和数据查询系统。

5. 启动应急指挥车。大冬会期间,气象应急指挥车将开赴亚布力滑雪场,采用卫星通讯作为备份通讯手段,保障气象信息传输畅通。

6. 大冬会气象预测服务系统

中国气象局安排了业务建设专项,支持大冬会气象保障服务系统建设。赛场天气预报技术及业务系统建设、天气预报服务保障系统已投入业务运行。

(1)本地数值天气预报模式连续业务运行,提供气象要素精细预报产品。

(2)数值模式预报产品的综合集成。建立48小时以内站点间隔6小时的定量降水预报。

(3)体育比赛场地短期、中期天气预报业务系统。

①大冬会中期天气预报系统。预报未来七天哈尔滨、亚布力、帽儿山等站点的最高气温、最低气温、降水、风向风速、相对湿度等要素值。

②大冬会赛场0~72小时天气预报系统。

③亚布力和帽儿山雪场低温、雾、寒潮和大风等高影响天气预报业务系统。

④亚布力和帽儿山雪场滚动3小时温度预报方法。

(4)开展了10~20天天气趋势预报方法建设。

(5)引进开发多普勒雷达新产品。利用哈尔滨、齐齐哈尔、佳木斯、牡丹江市多普勒雷达,引进了新一代天气雷达三维数字组网软件系统,生成了组合反射率、回波顶、垂直累积液态水含量和回波跟踪等二次产品。

(6)进行了冬季大雪临近预报方法建设。

(7)进行了哈尔滨市及亚布力、帽儿山大冬会期间各类高影响天气历史规律、天气成因、天气分型和预报指标气候条件分析。

（8）空气质量模式预报技术。利用城市空气污染数值预报系统CAPPS2.0，与哈尔滨环境监测中心联合发布空气质量预报。

（9）国家气象中心将每天两次提供提供哈尔滨、亚布力、帽儿山未来48小时逐小时降水量、风向、风速、气温、气压、相对湿度、能见度预报数值模式指导产品。

（10）中国气象科学研究院提供大气稳定度参数预报产品。

（11）天气预报技术指导。中央气象台负责加强大冬会中短期重大活动、高影响天气会商及预报技术指导。首席预报员明确提出针对大冬会的预报意见。

7. 组织了赛前上岗培训

8. 进行了实战演练

（1）圆满完成了大冬会火炬传递气象服务保障任务。

（2）完成雪上和冰上项目测试赛气象保障。

针对测试赛的气象服务，进行赛前服务的热身，并结合前期预报结论和赛场实况，总结预报服务经验。对比分析哈尔滨市区、亚布力和帽儿山各个赛场的天气现象、赛场起点和终点气温、风向风速等气象要素实况，不断地进行摸索和总结，为大冬会正式比赛时提供准确、及时、精细的气象服务进一步夯实了基础。

（3）顺利通过大冬会实战测试。

**四、气象服务产品**

1. 大冬会气象服务手册

2. 预报、预警、监测气象服务

（1）发布大冬会气象信息专报，预报开（闭）幕式当日天气、未来两周天气趋势展望；

（2）雪上赛事气象服务专报：雪场起、终点预报；3小时滚动预报；7日预报；灾害性天气警报；雪场监测信息（雪道、起终点，预报和监测要素包括天气状况、风向、风速、温度、降水量、湿度、雪温、雪质、能见度）；

（3）冰上赛事气象服务专报：每个项目赛前5分钟和结束前5分钟的冰面温度、室内温度、空气湿度；赛前报告冰面海拔高度、室内大气压力等；

（4）哈尔滨、亚布力、帽儿山天气预报；哈尔滨到亚布力（帽儿山）交通天气预报；

（5）与环保局联合发布空气质量预报；

(6)生活气象指数预报。

3. 气象监测、预报服务信息发布

除在大冬会各比赛现场发布外,气象信息还将通过CCTV-5、中国气象频道、黑龙江都市频道等电视媒体以及广播、网站、短信、报纸等多种媒体发布。

经组委会批准,大冬会气象服务网链接到大冬会官方网站首页,直接点击就可以进入大冬会气象服务网 http://www.hljnw.com/qxj/ddh。

在中国气象局和国家级各气象业务单位的高度重视和大力支持下,黑龙江省气象局将本着"以人为本、无微不至、无所不在"的服务理念,在大冬会组委会的领导下,向世人广泛展示我国"有特色、高水平"的气象保障服务能力,让哈尔滨大冬会成功完美的气象服务,成为大冬会历史上精彩的一页。

## 速度滑冰总裁判长称
## 气象服务拿到了大冬会比赛的金牌

2月24日下午,大冬会速度滑冰总裁判长罗兰德·梅尔拉德在成绩处理系统负责人的陪同下,亲自来到速滑馆自动气象站前,了解观测设备和观测方法。在外道、内道和准备道一周选取多个点,亲自使用仪器测量,对于测试结果他相当满意,认为气象处技术人员上报的数据精确、真实、可靠。

为了给比赛提供准确、清晰、严密的服务,速滑馆气象处工作人员根据实际要求设计了科学合理的服务程序和报表统计方法,清晰、明了、全面的反映了赛场的气象信息,罗兰德对此项工作高度认可,他说,统计手段有必要向其他国际大型赛事场馆推广。

罗兰德最后赞许地说:"你们也拿大冬会比赛的金牌了!"

(2009年2月25日,来源:中国气象报社,作者:袁长焕、张海玉、马旭清)

# 在第 24 届大学生冬季运动会
# 气象服务保障工作总结表彰大会上的讲话

杨卫东[①]

2009 年 3 月 5 日

同志们：

举世瞩目的第 24 届大学生冬季运动会已于 2 月 28 日胜利闭幕。为了开好再次盛会，我们严格按照中国气象局提出的"用奥运气象服务标准服务大冬会"的要求，根据组委会和各比赛项目、场馆的实际需求，动员全省力量，全力以赴做好各项赛事服务，"成功、完美、出色"地完成了气象服务任务，受到了中央领导、大冬会组委会、省委省政府、国际社会各界以及比赛官员、裁判员、教练员、运动员的广泛好评。在整个大冬会的气象服务过程中，所有参加服务的人员发扬吃苦耐劳、团结协作、无私奉献和特别能战斗的气象人精神，涌现出一批先进集体和个人。我们今天召开大会就是要总结大冬会气象服务所取得的成绩，表彰在这次气象服务中涌现出的先进集体和先进个人。以此激励和动员全省气象干部职工学习先进，以崭新的思想观念、更加饱满的精神状态，积极投身到气象服务和工作实践中来，为实现我省气象事业又好又快发展做出新的更大贡献。下面，我代表省局党组就本届大冬会气象服务保障工作作总结表彰报告。

**一、提前周密部署，赛前筹备工作细致到位**

由于大冬会是国际赛事，国际大体联、国际雪联对气象条件非常重视，尤其雪上项目危险性大，对气象的要求很苛刻，比赛日程都会根据当时的气象条件来安排调整，气象服务好坏直接影响到比赛能否顺利进行。按照国际惯例，比赛期间气象条件的界定气象部门是权威。为了做好大冬会气象服务保障工作，在 2005 年大冬会申办成功后，我们便在第一时间成立了大冬会气象服务筹备工作领导小组，积极进行筹备。在组委会先期不予设立"气象处"的艰难情况下，通过努力工作，赢得大赛组委会的

---

① 黑龙江省气象局局长

充分认可,从而在组委会竞赛部设立了"气象处",落实了25名人员编制。制定并逐步完善了《大冬会气象服务保障工作实施方案》,编写了《2009年世界大学生冬季运动会气象服务保障实施细则》和中、英文两种语言的《第24届世界大学生冬季运动会气象服务手册》。

在测试赛前,建设完成了大冬会气象服务中心和亚布力、帽儿山两个临时气象台,开通了2条6兆带宽的VPN光纤虚拟网络专线,建设完成了可视化会商系统。完成了"哈尔滨第24届世界大学生冬季运动会气象预报服务系统"所包括的赛场天气预报技术业务系统、天气预报服务保障系统2个研究专题共12个课题研究,并投入业务运行。

建立了空间分布较为细致的气象监测网,在亚布力5条雪道附近布设了11套五要素自动气象站,在帽儿山两条雪道及U型槽附近布设了5套五要素自动气象站,该雪上气象要素监测网覆盖了雪上比赛所必要的空间密度以及要素种类,对比赛所需要的风向、风速、温度、湿度、雪温等能进行实时监测,并能及时提供细化到每分钟的现场实时气象要素;为室内场馆安装了3套自动气象站,对比赛场馆内需要的冰面温度、冰底温度、室内温度、室内湿度、室外湿度进行实时监测。气象服务中心可以实现每天为赛事准时提供3小时短时临近天气预报,12小时赛场精细化预报,哈尔滨、亚布力和帽儿山三地的7天预报,每日逐小时预报;开展了交通天气预报、紫外线预报、污染指数预报和生活指数预报;配合卫星云图、天气雷达,使气象监测能力达到国际水平。

落实了竞赛成绩计分气象信息系统、大屏幕公告气象信息系统、气象服务网站信息系统以及大冬会气象指导发令系统,与环保部门联合落实了《大冬会空气质量预报会商及预报方案》和《大冬会期间污染天气新闻沟通预案》;我们还积极进行大冬会气象服务应急准备,制定了专门预案,加强人工增雪的各项准备工作。

通过7次雪上、4次冰上测试赛气象保障服务工作,对整个预报指导、资料传输、会商流程到现场实况监测、预报服务都经历了实战演练,摸索了经验,为更好的开展大冬会气象服务夯实了基础。

周密细致的筹备工作,受到中国气象局、黑龙江省委省政府及大冬会组委会的高度评价。2月17日,中国气象局党组成员、中纪委驻中国气象局纪检组组长孙先健一行检查大冬会气象服务筹备情况时,称"高度重视,组织周密,措施得力,整个准备工作有特色、有思路"。

**二、高标准服务,受到各界广泛赞誉**

大冬会气象保障服务不仅需要准确及时的赛场天气预报,每个赛场甚至每个赛道的实时气象信息监测也至关重要,因为大会组委会甚至每个赛道的都将根据现场天气情况随时调整比赛时间和场次。这就对我们的气象服务保障工作提出了更高的要求,不仅需要天气预报的精细化,同时更需要现场监测信息的精细化。服务期间,我们把奥运成果的运用贯穿始终,特别是充分运用以WRF模式为基础的精细化预报系统,对MM5细网格数值预报模式按精细化要求进行本地化,对数值模式预报产品进行综合集成,针对预报上存在的一定难度,通过对比预报检验两年的历史气象资料,充分分析,找出了不同赛道的特殊性。通过总结规律,并在使用各种预报方法和数值预报产品的基础上加以订正,很好的解决了预报的精细化问题;同时根据任务需要,加强同中央气象台大冬会重大活动、高影响天气会商,适时开展中期天气会商,必要时组织专门电视会商,并随时加强电话会商。

通过我们的积极努力,不仅开、闭幕式预报准确,赛事期间的预报服务更是精彩纷呈。精细化的气象服务保障工作为大冬会的成功举行作出了重要贡献,受到了各界的广泛赞誉。

(一)开闭幕式期间预报准确

进入2月上旬,哈尔滨市的气温出现了明显的回升,2月9日,哈尔滨市区的最高气温达到0℃以上,一时间大冬会赛事能否顺利进行成为组委会、公众和媒体追注的热点。我们经过严密会商,及时召开新闻发布会,明确指出,大冬会期间总体气象条件适合比赛,不会对雪上项目造成影响。对大冬会赛事如期举行起到稳定作用。

2月13日,我们还预报了15—16日哈尔滨市区将有一次降雪过程,18日开幕式当天晴好。为了确保开幕式期间哈尔滨市区内道路畅通,我们建议哈尔滨市清冰雪办公室做好预案,并做好连夜清理路面冰雪的准备。同时,我们还组织10多家媒体召开新闻发布会,发布14日到开幕式期间以及赛会期间的天气情况。15日哈尔滨市区出现了一次明显的降雪天气,哈尔滨市清冰雪办公室立即起动预案,连夜清理路面冰雪,使哈尔滨市区内各道路畅通,确保了开幕式场馆所物资的运输。

2月17日,在开幕式前一天,通过天气会商,为大冬会组委会、省委省政府、哈尔滨市委市政府提供了开幕式当天逐3小时预报以及7日预报。2月18日早8时与中央气象台就夜间开幕式天气进行了会商,随后又组织了省气象台、哈尔滨市气象台、牡丹江市气象台、亚布力临时气象台、帽儿山临时气象台、尚志市气象局针对大冬会开幕式进行的天气会商。为了慎重起见,我们还使用了近两年专门为大冬会开发的数值模式、雷达产品进行精细化预报分析。随后以大冬会气象服务中心名义特意为各部门提供了逐小时天气预报。预测结论是：2月18日，天气总体晴好，有利于开幕式的举行。结果显示，我们的预报结论是正确的，准确及时的开幕式气象服务为大冬会气象服务开了一个好头。

为了做好大冬会闭幕式气象服务工作，我们从26日—28日，连续发布了3期《第24届大冬会闭幕式气象服务专报》，27日针对28日20时进行的闭幕式发布了3小时预报：闭幕式期间哈尔滨市天气晴转多云，风力不大，气温适宜；其中28日20—23时天气多云，气温在－10℃～7℃，西南风2～3级，相对湿度55％，空气质量良好。实况与预测结果一致，保证了闭幕式的顺利进行。

（二）精准预报及实时加密监测确保了雪上项目的顺利完成

大冬会雪上项目对气象条件要求很高，而且更多地体现了"实时性强、精细化程度高"的特点，比赛项目要求必须实时提供1分钟的气象数据，而每条赛道、甚至每条赛道的起点和终点的气象数据也要分别用各自的气象仪器体现。比赛日程会根据当时的气象条件来安排或调整，气象服务的好坏直接影响到比赛能否顺利进行。大冬会期间，组委会还调整了高影响天气标准，新的标准对气象条件的要求更加严格：跳台滑雪要求风速低于3米/秒，自由式空中技巧要求比赛时段内1分钟平均风速＜3米/秒，越野滑雪要求气温≥－18℃，5分钟平均风速＜10米/秒，高山滑雪、自由式争霸赛要求能见度＞2千米，5分钟平均风速＜10米/秒，高山索道要求极大风速＜15米/秒，冬季两项、单板滑雪要求1分钟平均风速＜10米/秒，气温≥－18℃。一位跳台滑雪项目裁判员说："我们看天发令，从运动员腾空到落地，必须始终盯住气象数据传输终端，丝毫差错就可能改写运动员的成绩。气象数据十分重要。"可见气象条件在雪上比赛的重要性。

整个比赛期间，共为近50场雪上项目提供精细化、实时监测气象保障服务。大冬会气象服务中心、黑龙江省气象台、亚布力临时气象台、帽儿山临时气象台全体人员按照分工和要求，恪尽职守，精心服务，捷报频传，取得了一个又一个可喜成果，受到大冬会组委会、官员、裁判、运动员的肯定和好评。

一是准确预报为比赛作出"具体指导"。

通过多部门缜密会商，大冬会气象服务中心早在2月16日向大冬会组委会提供的《第二十四届大冬会气象服务专报》中就明确提出：预计2月16—22日期间冷空气活动频繁，哈尔滨市气温持续较低，19日和21日有降雪,其中21日雪量稍大,可达中雪程度。随着大冬会的进行,在每日的加密3小时精细预报中又提出:19日和21日的降雪时段均发生在下午,同时21日上午降雪前风力较小,22日雪后风力较大,对比赛将产生影响。

19日14时,哈尔滨、亚布力和帽儿山赛区纷纷出现降雪,降雪时间和强度与大冬会气象服务中心当天的3小时精细化预报完全相符;在21日的高影响天气过程的预报服务中,我们对降雪起止时间、强度和风力大小的预报非常准确,事实证明,预报结论与实况完全一致;在21日的预报中,大冬会气象服务中心及时和亚布力临时气象台、黑龙江省气象台等部门进行加密会商,并启动应急观测预案,利用赛场当地的应急指挥车和风廓线雷达对冷平流层和暖平流层各层的风力风向进行加密观测,最终得出一致的预报结论:22日上午,温度变化不大,在-14℃至-11℃之间,雪温为-11℃,但是风力会加大,不适合比赛的举行,而23—24日天气晴好,风力较小,适合比赛。预报结论给赛场提供了及时准确的指导。

在22日的3日预报中,大冬会气象服务中心提前预报25日风力较大,对比赛将会产生影响。此预报结论持续到25日,在当天的3小时临近预报中再次提出。果然,25日一早,亚布力赛场风力非常大,出现了对比赛极其不利的高影响天气,此项预报为当日高山大回转和跳台滑雪及时调整比赛时间提供了重要的气象依据。

二是根据精细化预报建议组委会及时调整赛程。

原定于2月20日上午进行的高山滑雪由于降雪量过大被迫改在下午1:30进行;2月21日,原定于上午9:30开始的越野滑雪因温度过低被迫推迟至10:30;由21日上午调至20日上午开赛的男女高山滑雪比赛的时间再次调整,将比赛时间最终安排在20日13:30进行,也是因为天气原因,气象服务人员及时提供了准确的预测预报服务;22日跳台滑雪和北欧两项比赛因为风力加大而停止了比赛,高山滑雪因为风力加大无法开通索道,因此,除了自由式滑雪的空中技巧比赛因风力较小能够正常进行外,其他上午进行的比赛都将推迟到23日进行,准确的天气预报同样换来一片赞扬声。

特别值得一提的是自24日下午开始,亚布力赛区雪后出现大风天气,一直持续到夜间。由于高山大回转决赛原定于次日上午9点半举行,当天,竞委会的官员纷纷来到亚布力临时气象台了解次日天气,特别是大风天气何时能够结束。该项比赛若不能如期完成,本届大冬会的最后两天将无法安排,只能非常遗憾地取消该项比赛。亚布力临时气象台的预报员通过分析各种数值预报产品，得出了25日下午风力可能减小的预报结论。25日早6时，高山滑雪起点的最大风力达到19米/秒，缆车停运，无法运送上山参加比赛的运动员和裁判员。8时30分，高山竞委会技术代表中村实彦、竞赛主管崔英波再次来到亚布力临时气象台，详细了解天气情况，9时紧急召开的竞委会技术代表会议将决定是否继续举行比赛。亚布力临时气象台预报员们认真分析各种数值预报产品，并立即通过可视化会商系统，同省、市气象台进行紧急会商，同时结合赛场地区自动气象站监测的实时气象资料得出结论：25日白天11—17时将会有一段风力减弱的时段。如果不抓住这段非常宝贵的时间安排比赛，随后风速将会再次加大，比赛将彻底无法举行。据此，正在召开的竞委会立即作出决定，比赛于当日中午开始进行。从10时30分开始，通过赛区的自动气象站监测的数据显示，风速开始减小，11时风速减小到可以使缆车正常运行，运送人员上山。12时15分，高山滑雪男女大回转决赛开始进行，并于16时顺利结束。25日晚，高山竞委会技术代表中村实彦又一次来到亚布力临时气象台，向预报员表示感谢。

自由式滑雪是一项高难度、危险性大的比赛，对气象条件要求非苛刻，特别是对风力和风速要求非常高，所以22日的比赛竞委会提前进行了部署，亚布力气象台根据竞委会要求，临时调整了气象服务方案，在赛道旁加设了便携式自动气象站，在裁判席竞赛主管旁安装了自动站实时接收设备，在比赛期间提供每分钟1次的实时监测气象数据。在风力较大的天气条件下，自由式滑雪竞赛场地上，目光都聚焦在了气象服务人员身上，温度和风力如何变化？比赛能否如期进行？气象服务人员对这些疑问，为与会代表团提供了准确的、人性化的气象服务和现场解答，并提供了精准的数据。为竞赛委员会提供了现场、直接、面对面的气象服务和竞赛决策依据，保证了自由式滑雪比赛在当日顺利举行。

国际大体联技术委员会主席罗格·罗斯，北欧两项技术委员会主席、跳台滑雪竞委会主席保罗·甘赞呼贝尔和北欧两项技术代表乔·拉姆多次专程来到亚布力气象台询问天气情况，就天气系统及风力情况与亚布力临时气象台服务人员进行交流，高山滑雪竞委会竞赛长郭军更是每十分钟就来询问一次天气预报情况，亚布力气象台成了最热门的焦点。由于提供的气象信息准确、周密、及时，赢得广泛赞誉。在22日晚的跳台滑雪第四次领队会上，跳台滑雪竞委会主席保罗·甘赞呼贝尔对大冬会亚布力气象服务保障工作给予高度评价："今天我看到了你们气象台的工作非常出色，提供了非常有用的信息，有你们的帮助，我们明天的比赛将会进展得非常顺利。在比赛现场能有这样专业的气象台为比赛提供信息,对比赛非常有帮助。"24日晚,国际大体联技术委员会主席罗格·罗斯在接受记者采访时说,"我看到了一个非常专业的团队,为第二天的比赛提供必要的信息,帮助每个队伍做出正确的比赛决策。我听各个竞委会的领队说,他们在当天领队会上都能够了解第二天的天气变化,并表示能够得到这样专业的气象服务非常幸运"。北欧两项运动的世界顶级人物,本次比赛的技术代表乔·拉姆在接受中国气象频道的专访时说,他对亚布力气象台为大冬会提供全方位、最周到的气象服务表示欣赏,曾参加了两届冬奥会组织工作的他指出,亚布力赛场的气象服务已经完全达到了冬奥会上气象服务的水平,在这次亚布力雪上项目比赛中发挥了非常重要的作用,气象服务的准确、及时为比赛提供了可靠的技术支持和安全保障;高山滑雪竞委会技术代表中村实彦多次到亚布力气象台,专程感谢亚布力气象台为竞赛提供准确、及时的气象服务。

帽儿山赛区赛会期间共出现3次较为明显的天气过程,由于我们预报准确,服务及时,使比赛进展十分顺利。23日技术代表乌巴多介绍天气时,对我们前期的工作给予了表扬。国际大学生体育联合会主席乔治·基里安在第一技术委员会会议上说:"帽儿山冬季两项滑雪场在很多方面已经达到了奥运会比赛场地的要求,"还特别提到了"将气象站建到了赛场旁边,在很多国家举办的冬奥会上也是不多见的"。

三是精心制作"返程天气预报"。2月23日,针对比赛结束的运动员和教练员将要陆续返程,亚布力临时气象台精心制作了"温馨返程天气预报",这份中英文"返程天气预报"涵盖了从亚布力离开之后,到哈尔滨或其他国内主要城市转机的天气预报内容,主要分为三类,一是从亚布力到哈尔滨段公路沿线天气预报;二是国内北京、上海、广州等主要城市24日、25日的天气预报;三是多伦多、法兰克福等国外14个主要城市25日、26日的天气预报。充分体现了气象服务的全方位、针对性、人性化。

(三)冰上项目服务精准,效果显著

冰上项目比赛对气象条件的要求非常严密,程序非常复杂。每天一开馆,就要及时向组委会及总裁判长提供包括冰面温度、室内温度、湿度、室内大气压、冰面海拔高度在内的现场气象信息专报和哈尔滨市72小时气象信息预报,每半小时提供一次馆内四点的气象信息,开赛前5分钟、比赛结束前5分钟还要提供现场冰面温度、冰底温度、室内温度、室内湿度、室外湿度五要素信息专报。同时,每场比赛要测量16次冰面温度,从而确保各项数据符合大冬会组委会要求的国际指标。整个服务程序一环扣一环，环环相扣，丝毫的差错就有可能导致正常比赛结果的作废。正如大冬会速度滑冰总裁判长罗兰德·梅尔拉德所说："不考虑气象条件的比赛成绩不能算数。"

　　整个比赛，我们共为冰上场馆计分系统、大屏幕显示系统、中外裁判、中外运动员等人员和部门提供气象信息350余份，手机气象短信220人次，服务项目近10项，气象信息和气象服务在各场比赛中发挥了不可替代的作用。

　　一是及时启动预案为哈尔滨冰上基地滑冰馆"紧急解围"。2月18日，哈尔滨冰上基地滑冰馆出现紧急情况，国际总裁判长对组委会气象服务提出一系列新要求，新的需求与原气象服务预案相距甚大，原气象服务预案仅要求气象部门提供场馆内任意一点的气象信息，而现在要求同时提供场内四处固定测点的气象信息。面对新需求，大冬会气象服务常务副组长尹福安立即召开由有关技术、管理人员参加的协调会议，并紧急启动大冬会气象服务应急预案：一切以大冬会需要为出发点，快速反应，第一时间解决问题。同时明确四点要求：调剂三名志愿者协助工作，立即解决人员短缺问题；从大气探测中心紧急调来4台温湿度表，并紧急购置4台红外测温仪器；经速度滑冰馆负责人、中方总裁判长、气象处负责人协商后决定直接从速度滑冰馆机房读取冰下温度提供给国际方；由大冬会气象服务中心每天早上7：40提供哈尔滨市72小时天气预报。我们为哈尔滨冰上基地滑冰馆紧急解围，受到速度滑冰馆总负责人陈阿娟称赞："非常感谢气象部门，帮我们及时解决了燃眉之急。"2月21日，速滑馆总裁判长罗兰德·梅尔拉德先生特意发给中国气象报记者一份电子邮件，他说："我非常乐意向你确认，现在我所拿到的气象信息专报完全符合我们的需求，我可以在任何一个滑冰馆自如地使用这份气象专报。非常感谢你们的帮助。"

　　二是做好短道速滑精细化气象服务。2月19日14时大冬会进行1500米短道速滑比赛，我们安排3名气象服务人员提前3小时来到了比赛场馆，对短道速滑比赛的气象服务做好了充分和详实的准备。仔细检查了移动气象站设备，与竞赛部的裁判长沟通了气象信息的提交时间。按照要求，气象处只需要在赛前和赛后先后提供4次气象信息即可满足比赛要求。为了让赛场的记分系统更好地适应赛时环境，气象处的工作人员主动增加了4次气象信息的汇报，共上报了8次，负责浇冰的工作人员根据气象要素的变化适时修复冰面，确保冰面温度达到了组委会的要求。比赛进程中，国际裁判来到气象站询问实时监测的冰面温度、气温、湿度情况,气象技术人员及时给予了详细解释和回答,国际裁判高兴地竖起大拇指,连连称赞气象服务做得很周到、细致,中国的气象工作者是好样的!

三是紧急处理突发事件确保比赛正常进行。2月24日上午10时许,哈尔滨冰上基地速滑馆气象处服务人员突发发现,速滑馆室温突然下降,到12:00时室温从17.0℃下降到了12.8℃。按照组委会要求,速滑馆室温低于14℃就要停止比赛,而按照赛程按排,13:00时男子1000米速滑决赛将马上开赛。紧急时刻,气象处服务人员马上将这一情况上报给成绩处理系统负责人协商后,立即上报给裁判组和场地部,场地部根据气象处所报信息进行紧急联调,以保证12时30分以前室温升高到比赛要求的温度。13:00时开赛前,速滑馆室温已升至15.0℃,气象处服务人员在这一突发事件过程中发挥了至关重要的作用。

**三、加强正确引导,做好舆论宣传**

截止到目前,根据网站搜索显示,百度可搜索关于大冬会气象服务相关信息88900余条,Google可搜索相关信息27800余条,是气象服务宣传报道前所未有的盛况。

(一)落实了大冬会气象服务网站的出口

大冬会期间,为了及时快捷的找到"大冬会气象服务网",使气象信息和气象服务情况被广泛的认知,考虑大冬会期间大冬会官方网站的点击率会较高,而且大冬会气象服务网是针对大冬会气象服务为主题,通过积极沟通,组委会批准大冬会气象服务网站链接到大冬会官方网站,这是唯一一个链接到大冬会官方网站的服务网站。大冬会气象服务网站分中、英文网站,内容包括实况监测、赛区预报、交通预报、污染预报、生活气象指数预报、赛区7天趋势预报、气象科普、气候背景和气象动态等多个板块。并且安排专人对网站内容进行每日更新,使气象宣传迅速占领最前沿阵地。在省安全厅、东北网等几个单位对大冬会官方网站进行安全测试时,强行把"大冬会气象服务网"从官方网站上断开,通过积极争取,在断开后1天内又重新恢复了链接。

(二)加强了在中央级主流媒体的宣传报道

大冬会召开期间,中央主流媒体对大冬会气象服务工作给予了全方位报道。由于赛事前天气情况不佳等原因,气象部门成为社会各界和各类媒体关注的焦点,中国政府门户网站、CCTV、新华社、搜狐、网易等主流媒体争相对气象服务情况及气象对大冬会赛事影响进行相关报道,大冬会气象宣传团队所编写的"大冬会看天发令"等文章成为各大媒体转载的宠儿,并且每日至少播报大冬会气象服务信息两条,极大的宣传报道了气象部门在大冬会赛事中所起的重要作用。

1. 中央电视台:2008年12月3日,通过积极努力,在中央电视台晚间新闻联播中播出了大冬会气象保障筹备情况的新闻。在赛会期间,中央电视台晚间新闻联播栏目3次对气象保障工作进行了报道。中央电视台体育频道从2月18日到28日在每天早上6时30播出的体育晨报(7时30分重播)连续11播出长达1分30秒的反映黑龙江省气象部门大冬会气象服务保障工作的新闻,在新闻中多次出现哈尔滨市气象台、亚布力临时气象台、帽儿山临时气象台、黑龙江省气象应急指挥车的画面和黑龙江省气象局网站字幕,并且18日的新闻还作为头条进行播出。中央电视台体育频道其他栏目也多次进行报道。与此同时,央视网还多次刊发采访团队拍摄的照片。

2. 新华社:在大冬会召开前,新华网就几次进行了大冬会气象保障筹备情况的报道。赛会期间刊发大冬会气象服务图片和稿件20多篇。特别是新华社发表的"雪上项目频繁调整 左右赛程的大冬会精细气象"引起了很大轰动。

3. 中国气象频道:开通了大冬会气象服务专题栏目,每天至少播出前方报道组采录的节目在5分钟以上,并且在其他栏目中也多次播出。

4. 中国气象报:在头版开辟了大冬会气象服务专栏,并且两次运用四版整版的篇幅进行报道,据不完全统计,截止到目前中国气象报刊登各类大冬会气象服务稿件60余篇,图片信息20余张。新气象网站及下设各栏目:刊登稿件40余篇,图片新闻20余张。

5. 中国气象局网站:从17日开通专题,累计刊登稿件60多篇,图片信息50余张,嘉宾访谈5篇。

6. 中国天气网:从17日开通专题,刊登信息250余条,采访日记7篇,图片新闻50余张。

7. 中国教育电视台:通过同大冬会新闻宣传中心积极沟通,使中国教育电视台记者到哈尔滨市气象局对省局领导进行了专访,该节目已经多次进行重播。

(三)积极利用省内媒体做好宣传报道

为了更深入的占领大众人群视听的主要战场,使社会各界能够广泛了解气象服务信息,黑龙江省气象局经过积极沟通和运作与《生活报》、

《新晚报》达成协议,《新晚报》从2月17日开始,《生活报》从2月18日开始每天刊登一期专版,内容包括:气象服务最新动态、交通预报、赛区预报及省内各景点天气预报、气象科普、冬季运动科普等,极大的弥补了网站宣传的专业针对性和人群局限性。截止到目前《新晚报》8期400多条;《生活报》7期300多条。

黑龙江电视台、哈尔滨电视台也不断地到气象部门及赛场地区的气象台站进行采访报道,据不完全统计,此期间,省电视台新闻联播、新闻报道夜航等栏目已经播发大冬会气象服务新闻40多条。

(四)加强了内部宣传

一是编写行业内专报。从2月1日起,由黑龙江省气象局办公室负责收集前线人员反馈信息和稿件,编辑《大冬会气象服务工作专报》,并将《专报》通过气象系统内部OA(NOTES)发往中国气象局局领导及各职能司,黑龙江省局领导及各处室,截止大冬会结束,共计编写《专报》19期,累计编写信息量150余条,近100000字,图片信息近百余张。《专报》等到了中国气象局领导的充分肯定。

二是每天及时更新内部网站。在编写《大冬会气象服务工作专报》的同时,黑龙江省气象局由专人负责对"黑龙江省气象局网站"进行更新,将每天最新的气象服务动态及气象科普等刊登在内部网站上,累计更新信息达百余条,极大的丰富了内部网站内容。

三是编写宣传工作总结及计划。为了使中国气象局领导和各职能司、黑龙江省气象局领导及各处室能够更便捷、更直观的了解宣传工作动态,从2月19日开始,宣传团队派专人负责将宣传工作动态进行总结,并安排次日计划进行对上汇报,共计上报包括前期气象宣传工作总结在内的总结7期,使中国气象局领导、黑龙江省气象局领导及各职能司、处室对当日和次日宣传工作做到心中有数,以便检查和指导下步工作。

在2月28日的大冬会闭幕式上,中共中央政治局委员、国务委员刘延东为大会发来贺信,贺信中对气象服务保障工作给予高度评价,同时,黑龙江省委、省政府,哈尔滨市委、市政府,大冬会组委会都对本届大冬会气象服务保障工作给予高度评价。

与此同时,各国官员及技术代表等也都对本届大冬会气象服务保障工作给予高度评价。国际大体联主席乔治·基里安在帽儿山单板滑雪U池赛前接受记者采访时表示,"大冬会气象服务工作做得非常好,每天的大冬会气象信息都很及时、准确,气象服务工作做得非常好。"北欧两项运动的世界顶级人物、本次比赛的技术代表乔·拉姆称"赛场的气象服务已经完全达到了冬奥会上气象服务的水平",哈尔滨冰上基地速滑馆总裁判长罗兰德·梅尔拉德连连称赞"气象服务同样拿到了大冬会比赛的金牌"！截止到目前,没有任何不利于气象部门的舆论及信息出现。

此次大冬会气象服务保障工作之所以能取得圆满成功,受到各界的广泛赞誉,主要体现在五个方面:一是得益于中国气象局的正确领导、亲切的关怀和热情的鼓励,郑国光局长,许小峰、矫梅燕副局长,孙先健组长多次对大冬会气象服务工作给予指导,并提出要求,这是做好大冬会气象服务保障的动力所在,也是精神来源;二是得益于气象服务团队的努力拼搏和高度的责任感,气象科技人员4年来潜心攻关和实战演练,共取得科技成果10余项,发表有关科技论文20余篇,终于在今年的大冬会上得以充分展示;三是得益于全省气象部门上上下下、左左右右的紧密配合,预报服务、监测网络保障、应急服务、气象宣传、后勤保障等各个部门的大力配合保证了大冬会气象服务工作顺利进行,据统计,全省气象部门近20个单位、130余人参加了大冬会的气象服务保障工作;四是得益于中国气象局各职能司以及国家气象中心、中国气象科学研究院、中国气象局大气探测中心、中国华云技术开发公司和沈阳区域气象中心、吉林省气象局等兄弟单位的支持和配合,没有各部门的支持和配合,很难有成功的大冬会气象服务保障工作;五是得益于全省气象部门干部职工对科学发展观的实践和认识,在深入开展学习科学发展观活动中,同志们突出特色,务求实效,把推动各项工作,尤其是把为大冬会气象服务紧密结合起来,取得了实实在在的成果。

"万众一心,其利断金",团队的激越和谐,方能聚势而为。正是这样一支队伍,靠着艰苦奋斗的创业精神,严守岗位的敬业精神,与时俱进的兴业精神,心系气象的爱业精神,才能确保大冬会气象服务的"无微不至、无所不在"。我们的气象人精神在大冬会气象服务中升华！

# 筹备篇

**气象部门积极备战**

# 世界大学生冬季运动会气象服务保障工作进入倒计时阶段

目前,2009年哈尔滨第24届世界大学生冬季运动会的气象服务保障工作已进入倒计时阶段,黑龙江省气象局统一领导、统筹部署,哈尔滨市气象局承担主要工作,全省气象部门通力协作。中国气象局也高度重视大冬会的气象服务保障工作。

据悉,大冬会的气象服务保障工作集赛场实况监测、天气预报、人工影响天气、赛事服务及气象应急保障于一体,从提高基础监测水平入手,采用稳定、高性能的网络传输手段,以精细化预报方法研究为核心,争取提供一流的气象服务。目前,气象服务保障工作已进入倒计时阶段,针对大冬会所作的3小时短时临近天气预报,12小时赛场天气状况和最高最低气温、风向风速、湿度的精细化预报,哈尔滨、亚布力和帽儿山三地的7天预报的研究已于10月底通过初级阶段性验收,目前正在试运行阶段;赛会期间,还将有针对性地开展大冬会各赛区沿线的交通天气预报、紫外线预报、污染指数预报和生活指数预报等;冰上赛区根据竞赛需求为各冰上场馆购置了气象自动监测站;雪上赛区各赛道起点、终点的气象自动监测设备、临时气象台可视化会商设备开始陆续安装调试;气象服务网页制作、大冬会官方网站气象信息的保障也准备就绪;2008年冬季如遇到有利于增雪的天气时机,将进行人工增雪作业;赛会期间气象应急保障、赛场跟踪气象服务保障工作也都整装待发。

(2008年11月13日,来源:中国气象报社,作者:王艳秋)

# 哈尔滨举办大冬会
# 便携式移动气象站使用维护培训班

  为提高"大冬会"期间亚布力和帽儿山现场气象服务人员对便携式移动气象站安装、使用、维护及管理能力,保障两个比赛场地气象探测、监测业务的正常运行,1月13日,黑龙江省哈尔滨市气象局举办了移动气象站安装使用维护培训班。亚布力、帽儿山现场气象服务人员和有关技术人员参加了培训。

  技术人员详细讲解了移动气象站工作原理、主要组成部分、安装使用、常见故障诊断排除和日常维护等内容。同时,在培训现场示范给学员安装了一套移动气象站,学员也通过讲解实习各自安装了一套移动气象站。这次培训注重理论联系实践,使学员进一步了解移动气象站的工作原理,具体掌握移动气象站的安装使用和日常维护及保障技能,为进一步做好"大冬会"气象服务保障工作奠定了基础。

(2009年1月15日,来源:中国气象报社,作者:王世江)

# 哈尔滨市气象局
# 服务冰壶比赛为大冬会做准备

1月14日,2009年太平洋青年冰壶锦标赛在黑龙江落下帷幕,哈尔滨市气象局圆满完成了此次为期6天的比赛气象服务保障任务。

据悉,本次气象服务是大冬会测试赛以来持续时间最长,也最能充分检验气象服务水平。哈尔滨市气象局为此派出了气象服务小分队,工作人员到滑冰馆安装了为大冬会新引进的DYYZ-YD型自动气象站,并用手持气压、温度和湿度表进行对比监测场馆内气象状况,以确定系统的稳定和准确性,为比赛提供了空气温度、气压和空气相对湿度三要素气象服务产品。

此外,工作人员还积极做好和竞赛部的沟通协调工作,根据竞赛部需求,为其提供了1月10日19—21时比赛期间的纸质气象数据,并且指导竞赛部工作人员查看和调用气象数据。哈尔滨市气象局此次气象服务工作服务到位、数据准确,确保了仪器的正常运行,为比赛提供了精准的气象服务。

(2009年1月16日,来源:中国气象报社,作者:姬菊枝、王翠)

## 哈尔滨市气象台召开大冬会测试赛总结交流座谈会

1月19日,黑龙江省哈尔滨市气象台召开了大冬会测试赛气象服务的总结交流座谈会。

座谈会上,驻赛场预报人员就赛场当地情况和预报员进行交流,并详细汇报了亚布力和帽儿山赛场的当地地形、地貌和自动站的分布情况,同时针对不同赛事,就比赛进行时所需的气温、风力和能见度等气象要素和后方预报员进行交流和探讨。通过座谈,预报员们从前期测试赛的实战演习中,总结出一定的赛场气象要素规律和预报服务经验,为大冬会正式比赛时更准确及时地提供气象服务打下了良好的基础。

(2009年1月19日,来源:中国气象报社,作者:李亚滨)

# 气象部门用奥运标准服务大冬会

1月23日,中国气象局召开会议,专题研究第24届世界大学生运动会气象服务工作。会议要求,相关单位要按照奥运标准做好准备工作。

在听取了黑龙江省气象局副局长尹福安关于大冬会气象服务准备情况的汇报后,中国气象局各业务单位借鉴奥运气象服务的成功经验,对黑龙江省气象局的准备工作提出了许多建议,并表示将全力支持大冬会的气象服务工作。

会议要求,为了把大冬会办成成功、完美和大冬会历史上最出色的一届运动会,相关单位要按照奥运标准做好准备工作。黑龙江省气象局要对大冬会气象服务的详细需求进行梳理,加强与中国气象局各业务单位沟通。会议建议黑龙江省气象局春节后进行一次全方位演练,及时找出问题。

(2009年1月23日,来源:中国气象报社,作者:冉瑞奎)

# 大冬会雪场气象灾害天气预报投入试运行

为给第24届大冬会提供周到的气象服务,黑龙江省气象部门专门建立了雪场气象灾害天气预报业务系统,日前调试成功并投入试运行。

据黑龙江省气象局介绍,对雪上项目有影响的气象灾害有以下几项:强降雪(中雪以上)、低温(低于-20℃)、雾、寒潮和大风。

黑龙江省气象部门召集专家,收集了已有的自动气象站资料和长序列的相邻站观测资料,还有历史的高空和地面形势资料,分析了亚布力和帽儿山滑雪场各类气象灾害的历史规律、天气成因、天气分型和预报指标,在此基础上建立了亚布力和帽儿山雪场各类气象灾害天气预报方法。

据介绍,新建立的赛场气象灾害预报方法利用了现有的欧洲、日本T213数值预报产品及高空地面形势及卫星雷达等技术,这些预报方法包括七日降雪等级预报方法、12小时至24小时低温预报方法、12小时至24小时雾预报方法、七日寒潮预报方法、七日大风预报方法等。

(2009年2月10日,来源:新华社,作者:程子龙)

# 气象工作人员检查大冬会赛场自动站

　　为做好将于 2 月 18 日举行的第 24 届大冬会的气象服务保障工作,近日,中国气象局气象探测中心、华云公司、黑龙江省气象局和哈尔滨市气象局的工作人员前往大冬会帽儿山赛场,对布设在赛场和赛道周围的自动气象站逐一进行了检查,并对赛事期间自动气象站保障需要注意的细节问题和维护人员进行了交流。

(2009 年 2 月 11 日,来源:中国气象报社,作者:刘军)

## 牡丹江全力做好大冬会气象服务

第 24 届大冬会开幕在即,黑龙江省牡丹江市气象局全力做好大冬会气象保障工作。按照省气象局要求,牡丹江市气象局对天气雷达进行了全面的检查,为在大冬会期间进行加密观测,为大冬会的亚布力和帽儿山比赛现场提供连续、可靠的气象观测数据做好了一切准备。此外,该局还克服人员少、任务重的困难,抽调出气象预报业务股干和宣传股干,赶赴大冬会现场,协助大冬会气象服务中心做好各项工作。

(2009 年 2 月 12 日,来源:中国气象报社,作者:张玉成)

# 中央气象台多措施保障大冬会

第 24 届大学生冬季运动会即将拉开帷幕。为进一步发挥国家级业务单位技术指导作用,全力做好大冬会气象服务技术支撑工作,中央气象台制定了详细的大冬会保障措施,相关的服务工作也将按要求有序展开。

从 2 月 13 日开始,中央气象台将每日提供哈尔滨、亚布力和帽儿山单站的 1—7 日客观预报产品一份,内容涵盖天气现象、降水量、风向、风速、最低气温、最高气温、相对湿度等气象要素;2 月 16 日开始,每天制作并提供以上 3 个站点的 24 至 72 小时大雪、雾、大风、强回暖、寒潮高影响天气指导预报。同时,中央气象台还将对黑龙江省气象局提供的相关站点预报结论,全力做好指导把关工作。

服务期间,中央气象台将根据任务需要,加强大冬会重大活动天气、高影响天气会商,适时开展中期天气会商,必要时组织专门电视会商,并随时加强电话会商。2 月 17 日开始,中央气象台将邀请大冬会气象服务保障重点单位在全国电视天气会商中进行专题发言,并要求中央气象台首席预报员明确提出针对大冬会的预报意见。

之前,应大冬会精细化预报业务的需求,中央气象台已从 1 月 20 日开始,每日两次进行精细数值预报产品的制作和提供。

据悉,承担此精细数值预报产品制作的是以 WRF 模式为基础的精细同化预报系统,该系统在 2008 年北京奥运会精细化气象服务中发挥了重要的技术指导作用,目前,其已成为中央气象台精细化预报保障服务主要模式之一,并力争在大冬会气象服务保障中再创佳绩。

(2009 年 2 月 13 日,来源:中国气象报社,作者:阳揣环、托亚)

# 专家解读大冬会天气及气象服务：
# 气象条件总体适宜比赛进行

第24届大学生冬季运动会的脚步越来越近。13日,黑龙江省气象局召开新闻发布会,展望大冬会期间的天气情况,并向媒体介绍大冬会气象服务的准备情况。记者专门采访了黑龙江省气象台台长那济海和黑龙江省气象局科技减灾处处长高煜中,请他们解读大冬会期间的天气情况及气象服务。

**气象条件总体适宜各项比赛进行**

冬季体育赛事大体分为冰上项目和雪上项目,而雪上项目比赛又在室外进行。在某种程度上说,雪上项目比赛能否在适宜的天气状况下进行,选手的比赛成绩是否会受到天气的影响等问题都将依赖气象部门提供的权威观测数据。

据了解,就雪上项目而言,跳台滑雪对风速有要求,而能见度对滑雪比赛来说比较重要,雪温和雪质将决定运动员对雪板打蜡的种类和多少等。

黑龙江省气象台台长那济海说,根据目前的观测,预计2月17日至28日期间,大冬会的主要赛区哈尔滨、亚布力、帽儿山降水偏少,初步分析将有3次以小雪和阵性天气为主的降水过程。

气温方面的情况接近常年,但起伏变化较大,日平均气温在-4℃至-16℃之间。其间最高气温可达3℃左右,最低气温可达-22℃左右。

此外,预计2月17日至28日期间,三个赛区的风速接近常年,在3米/秒左右,遇明显升温时风速较大。

那济海介绍,从目前的预测结果看,大冬会期间的气象条件总体适宜各项比赛进行。气象部门还将进一步监测,随时提供最新的预报信息。

**不排除出现极端天气的可能性**

作为冬季体育比赛,是否会遭遇较为严重的低温雨雪天气广受关注。都灵冬奥会期间,就曾出现因大雪导致部分雪上项目比赛被推迟的尴尬情况。就此,那济海说,大冬会期间,出现大规模降雪等极端天气的概率很低,但并不能完全排除这种可能性。

据他介绍,为确保能为比赛提供高度精细化的气象信息,大冬会专门在亚布力赛场5条雪道附近布设了11套五要素(风向、风速、温度、湿度、雪温)自动气象站,在帽儿山2条雪道及U型槽附近布设了5套五要素自动气象站,以满足雪上比赛对气象服务的需求。同时,哈尔滨理工大学滑冰馆等3个滑冰馆还安装了3套四要素(冰温、温度、湿度、气压)自动气象站,实时对冰上项目场馆内的气象信息进行监测。

另外,亚布力、帽儿山临时气象台的可视会商系统已经建成,并能利用360度远程摄像系统随时掌握雪上赛场的天气情况;具备卫星通讯功能的气象应急指挥车将开赴亚布力滑雪场,以保障气象信息传输畅通;中国气象局将为大冬会的气象预报服务提供全力的技术支持。

**人工干预天气准备充分**

大冬会期间,雪上赛场的雪量是否充足?气象部门是否做好了人工干预天气的准备?黑龙江省气象局科技减灾处处长高煜中就此回答了记者的提问。

高煜中介绍说,入冬以来,亚布力、帽儿山赛场的降水量较往年增多,加之当地适时采取了人工造雪等手段,目前两个赛场暂时没有出现雪量不足的现象。

他说:"对于人工干预天气的预案,我们从一年之前就已经开始制定,并将所需设施和人力准备完毕。如果赛事需要且气象条件具备,我们将采取人工增雪等手段干预天气,以保证比赛顺利进行。"

高煜中还介绍,大冬会期间,气象部门将与哈尔滨环境监测中心联合向社会发布空气质量预报;中国气象科学研究院将提供大气稳定度参数预报;国家气象中心将每天两次提供哈尔滨、亚布力、帽儿山未来48小时逐小时降水量、风向、风速、气温、气压、相对湿度、能见度预报;赛会期间中短期重大活动、高影响天气会商及预报的技术指导将由中央气象台负责,并由首席预报员明确提出预报意见。

高煜中说,经过大冬会火炬传递、各项目测试赛的气象保障演练,气象部门已经做好了服务大冬会的准备。届时,气象信息将通过各比赛现场、中央电视台、中国气象频道以及广播、报纸、网络、短信等多种媒体向公众发布。

(2009年2月14日,来源:新华网,作者:程子龙、刘景洋)

# 气象局以奥运的标准服务大冬会

2月18—28日,哈尔滨将举办第二十四届世界大学生冬季运动会,哈尔滨市气象局局长尹福安在中国气象局2月新闻发布会上介绍了大冬会气象保障服务准备情况。

大冬会雪上项目对气象条件要求很高,比赛日程都会根据当时的气象条件来安排调整,气象服务好坏直接影响到比赛能否顺利进行。按照国际惯例,比赛期间气象条件的界定是以气象部门权威发布的信息为准,为了公平、公正和权威性,比赛成绩需要记录当时的气象观测实况信息,大冬会期间每个项目将有专业的气象观测员提供观测数据。

为了更好地服务大冬会,哈尔滨市气象局建成了大冬会气象监测网。由于大冬会比赛所需气象条件精细化程度较高,尤其是雪上项目海拔高差较大,需要建立空间分布较为细致的气象监测网。为此,大冬会气象服务中心在亚布力5条雪道附近布设了8套五要素(风向、风速、温度、湿度、雪温)自动气象站,在帽儿山两条雪道及U型槽附近布设了5套五要素自动气象站,该雪上气象要素监测网覆盖了雪上比赛所必要的空间密度以及要素种类。

同时,在哈尔滨市理工大学滑冰馆等3个滑冰馆安装了3套四要素(冰温、温度、湿度、气压)自动气象站,实时监测市内冰上项目场馆内气象信息。并在赛场建立了360度远程摄像系统。在哈尔滨市气象台随时掌握亚布力、帽儿山雪场的天气状况及雪场状况。保障通讯的应急指挥车也将开赴亚布力雪场。

即将在哈尔滨举办的第二十四届世界大学生冬季运动会是世界大冬会历史上比赛项目设置最多的一届,同时也是参赛国家和人数最多的一届。中国气象局新闻发言人于新文表示,气象局将以服务奥运的标准进行大冬会的气象保障工作。

(2009年2月14日,中国天气网)

# 大冬会做好人工增雪准备保障比赛用雪

记者从黑龙江省气象部门了解到,为保障第 24 届大学生冬季运动会的赛场用雪要求,除人工造雪外,气象部门还做好了人工增雪的准备。如果需要,气象部门可在适当的天气形势下进行人工增雪作业。

为保障第 24 届大冬会比赛场地亚布力、帽儿山等雪场的用雪需要,黑龙江省气象部门专门设立了为大冬会服务的人工增雪保障中心,目前高炮等人工增雪设备已调试完毕,可根据需要和天气形势为大冬会提供人工增雪服务。

虽然哈尔滨市区及亚布力、帽儿山等地 2008—2009 年冬季前期雪量不小,但目前气温很高,加上风吹和零星融化,大冬会举办时可能会需要增加雪量。

(2009 年 2 月 14 日,来源:新华网)

# 黑龙江大冬会气象条件适宜各项比赛

13日下午,黑龙江省气象局召开新闻发布会,对大冬会期间(2月18日至28日)的天气趋势进行预测。大冬会期间哈尔滨、亚布力、帽儿山地区气象条件总体适宜各项比赛。

预计2月18日至28日,哈尔滨、亚布力、帽儿山降水偏少,可能出现3次降水过程,以小雪为主。气温接近常年,但起伏变化较大,日平均气温在-4℃～-16℃之间。其间最高气温可达3℃左右,最低气温可达-22℃左右。气象条件总体适宜各项比赛。

(2009年2月15日,来源:新华社,作者:程子龙、刘景洋)

# 牡丹江全力做好大冬会气象服务采集实时数据

2月15日,牡丹江市气象局观测站的技术人员正在采集实时数据,为"大冬会"期间气象分析提供依据。

哈尔滨第24届世界大学生冬季运动会开幕在即,黑龙江省牡丹江市气象局对天气雷达进行了全面检查,并将在"大冬会"期间进行加密观测,为"大冬会"的亚布力和帽儿山比赛场地提供连续、可靠的气象观测数据做好一切准备。

牡丹江全力做好"大冬会"气象服务

(2009年2月15日,来源:新华社,作者:田成明)

# 各路记者齐聚哈尔滨
# 宣传大冬会气象服务

2月16日,中国气象报社、华风集团、公共气象服务中心等媒体记者相继抵达哈尔滨市与黑龙江省气象部门的宣传骨干汇合,他们的到来宣告了一支新的大冬会宣传队伍诞生。

新的宣传报道队伍由中国气象报、华风影视集团、公共气象服务中心、黑龙江省气象部门宣传骨干等各方面的宣传精英组成。大冬会期间,宣传报道组将分工赶赴大冬会各赛场进行全程采访报道,重点关注大冬会开闭幕式及比赛期间的气象保障服务,采访相关专家,做系列专家访谈等宣传报道,同时还将对大冬会历史、气象科普知识等方面进行宣传。届时,报道将以中国气象报、中国气象局网站、中国气象频道、大冬会气象服务网和各地方媒体等为载体传递给社会公众。

(2009年2月16日,来源:中国气象报社,作者:张玉成、赵培伟)

# 气象条件总体适宜大冬会比赛进行

记者从日前召开的大冬会气象新闻发布会上获悉,2月18日开幕式当天天气晴好。大冬会期间,气象条件总体适宜各项比赛进行。

据黑龙江省气象台台长那济海介绍,根据目前的观测,预计大冬会期间主要赛区哈尔滨市、亚布力、帽儿山降水偏少。气温方面的情况接近常年,但起伏较大。从目前的预测结果看,大冬会期间的气象条件总体适宜各项比赛进行。黑龙江省气象局已经在赛场布设现代化的天气监测设备,可随时监测天气变化,为大冬会提供准确、及时的滚动天气预报。大冬会组委会一旦需要人工增雪,黑龙江省气象局将随时进入人工增雪备战状态,在适合条件下开展人工影响天气作业,满足雪上项目比赛的需求。

(2009年2月16日,来源:中国气象报社,
作者:张玉成、赵培伟、杨梅菊)

# 首次大冬会气象服务专题
# 可视化天气会商举行

2月16日下午,黑龙江省哈尔滨市气象台主持召开了首次大冬会气象服务专题可视化天气会商,这也是正式比赛前的测试会商。黑龙江省气象台、亚布力临时气象台、帽儿山临时气象台、牡丹江市气象台、尚志市气象局参加了会商。针对开幕式及近几日天气情况,大家一致认为:近几日气温持续较低,开幕式当天天气晴好,有利于开幕式进行。多方会商便于哈尔滨市气象台快速接收到赛场周边当前天气状况、赛场气象需求和各气象部门对于未来天气形势分析的意见,为哈尔滨市气象台制作针对性强、准确率高的赛场气象服务产品提供科学依据。

(2009年2月16日,来源:中国气象报社,作者:张雪梅、陈莉)

# 大冬会黑龙江气象信息报道组成立

当前,大冬会进入最后倒计时阶段,为保证将大冬会气象服务最快、最好、最真实地传向全国,黑龙江省气象局紧急抽调全省气象部门宣传骨干前往第一线,成立了"大冬会黑龙江气象信息报道组"。该小组将兵分多路,进驻大冬会气象服务第一线的各有关部门和单位,将最新的气象服务动态以及气象科普等信息传往各大网站、报刊、广播、电视等媒体。

(2009年2月16日,来源:中国气象报社,作者:马旭清、张玉成、赵培伟)

# 黑龙江省气象局对大冬会天气会商中心任务进行再协调再部署

2月16日早8时,黑龙江省气象局党组副书记、副局长杨卫东(主持工作)带领监测网络处、网络中心、省气象台一行10余人对新落成的大冬会天气会商中心进行了考察,观看了该中心与中央气象台的天气会商,并组织了专题会议对大冬会天气会商中心的任务进行了再协调和再部署。

一是省信息中心技术人员要为"中心"会商系统提供可靠的技术保障,对信号接收设备、网络设备、卫星系统等进行再检测、再测试,确保卫星信号、会商双流信号及赛场信号的不间断传输;二是要进一步加强精细化预报服务,密切监视天气变化,尤其是要强化对温度、风向、风速等与雪上项目密切相关的气象要素的观测和数据分析,形成最直接、最易懂、最明了的气象服务产品,为组委会提供优质的气象服务产品;三是在大冬会期间,各赛场气象服务人员要确保终端设备的正常运行,同时,要随时为组委会、裁判组、运动员和观众做气象常识的解答,为大冬会提供最便捷、最优质的气象服务,展现黑龙江气象人风采。

(2009年2月16日,来源:中国气象报社,作者:赵培伟、张玉成)

# 吉林省气象局
# 连夜为大冬会送来监测设备

近日,吉林省气象局获悉黑龙江省气象局大冬会气象观测仪器短缺后,立即组织人员,连夜驱车,为黑龙江省气象局送来4套风向、风速传感器,支援大冬会气象服务保障工作。

多年来,吉林省气象局与黑龙江省气象局在防灾减灾、农业气象服务、预报预测系统建设等诸多方面不断加强交流合作,建立了良好的关系。双方还多次组织学术交流和技术研讨,加强预报能力建设。此外,吉林省许多地市气象局与黑龙江省地市局结为友好地市局,如延边州气象局与牡丹江气象局结为友好地市,双方在区域联防、重大天气会商、精神文明等各个方面长期保持着良好的合作关系。

(2009年2月17日,来源:中国气象报社,
作者:杨梅菊、张玉成、赵培伟)

# 气象站最后调试完毕
# 完全进入大冬会服务状态

2月16日,亚布力、帽儿山两处大冬会气象站均已做好最后一轮设备调试,准备全力以赴投入大冬会气象服务的紧张状态。

在亚布力气象台,曹彦台长向我们介绍了亚布力雪场的基本情况和即将在亚布力进行的各项赛事对气象信息的要求。根据各项赛事的需求,气象台不仅每天向组委会提供比赛时段三小时天气预报和未来七天天气预报等常规服务产品。同时针对跳台等对天气变化敏感的赛事,气象台将有专门的气象观测人员配备移动气象站驻扎在比赛现场,随时为裁判员提供风力及温度实况,为比赛是否进行提供决策支持。

帽儿山滑雪场是本届大冬会北欧两项和单板滑雪的竞赛场地,针对这两项技巧性强的比赛项目,气象台将专门针对比赛时段,提供比赛准备及进行阶段中4个时次的实况数据。

在现场,黑龙江省气象台的应急指挥车也开赴赛场前线,车上的工作人员将同气象台站的工作人员一起坚守至大冬会结束,全力保障通信的顺畅和气象数据的及时发布。

(2009年2月17日,来源:中国天气网,作者:景阳)

# 前线记者连发现场报道
# 气象报社大冬会宣传全面展开

为全力做好第 24 届世界大学生冬季运动会气象服务宣传工作,中国气象报社按照北京奥运气象服务宣传规模进行了认真的组织和策划,制定了详细的大冬会气象服务宣传工作计划,对大冬会气象服务特别是大冬会开、闭幕式的宣传报道工作进行了重点部署和安排。

为备战大冬会,中国气象报从 2 月 12 日开始即在一版开设了"连线大冬会"栏目,以图文并茂的形式集纳报道大冬会相关动态信息和服务情况。至今已发稿 11 件。

报社充分依靠驻地记者站力量,联合社本部采编人员和驻黑龙江记者站记者和省局通讯员组成中国气象报社大冬会前线报道组,将对气象部门服务大冬会所提供的预报服务、气象工作者辛勤的工作状态、气象服务效果等进行及时、全面的宣传报道。为了强化宣传效果,气象报社从本部业务骨干中选派了两名富有体育赛事报道经验的记者赶赴哈尔滨开展大冬会气象服务现场负责特别报道工作。派出记者已于上周末抵达哈尔滨,并及时采写发回了多篇报道。

2 月 16 日,经过前期的精心筹划和准备,在 CMA 网站推出了"服务大冬会 飞扬冰雪情"大冬会气象服务专题,专题包括大冬会动态新闻、精彩图片、在线访谈、相关背景材料等内容;同时网站对大冬会气象服务网、大冬会官方网、黑龙江省气象局网站进行了链接,方便广大网友对大冬会进展情况进行全面了解。

(2009 年 2 月 17 日,中国气象报社,作者:毛艳)

## 新需求催生大冬会气象服务中心新预案

2月17日00时,黑龙江省哈尔滨市气象台接到大冬会竞赛组的电话,以往3点之前要求提供的天气信息提前到中午12点之前,气象要素在种类上也将随着国外技术代表们的到来而不断发生变化。据哈尔滨气象台台长陈莉介绍,随着16日各国代表团的陆续进驻,大冬会竞赛方面对气象服务再添新的需求。

据陈莉介绍,这种新的需求变化主要体现在服务信息提供的格式、时间和方式上,例如以往气象台提供的是每天逐3小时的风速预报,而目前组委会需要的是每小时的风速预报,因此,工作人员必须通过模式计算后再利用地形和经验进行订正;原来天气预报提供的格式是以图标的形式,而组委会提出需要画曲线图,且曲线图时次风向的表示也需要用箭头来代替文字表达;从时间上来说,为了给每天下午4点到6点的组委会、领队会确定第二天日程提供参考材料,以前气象台在当天下午3点之前发出预报,今后,这个任务将变成一项机动任务,发布的时间随时都会调整;而具体提供的材料则从简单的第二天天气扩展到提供3天、7天预报以及第二天的逐3小时预报。

面对新需求,以哈尔滨市气象台为核心的大冬会气象服务中心及时修正预案,调整信息发布时间,努力做到为大冬会提供精准的气象服务。

(2009年2月17日,来源:中国气象报社,
作者:杨梅菊、马旭清、刘晓林)

# 冰上场馆气象服务小分队进行自动站调试

为了确保冰上场馆气象服务万无一失,2月17日,气象服务小分队再次进入赛场,进行比赛训练前最后一次自动气象站调试。测试结果显示,自动站运行良好,数据准确,并且与管理系统和广电系统等再次成功对接。

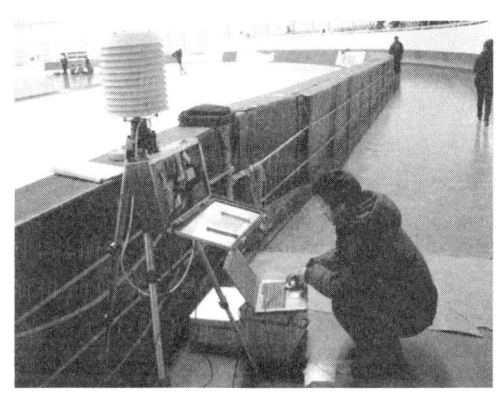

(2009年2月17日,来源:中国气象报社,作者:姬菊枝、王翠、韩滨茹)

# 大冬会开幕在即　气象服务紧锣密鼓

大冬会开幕在即。2月17日,作为大冬会气象服务中心的核心单位,哈尔滨市气象台内异常繁忙,气象服务紧锣密鼓。图为哈尔滨市气象台工作人员在关注雪上项目赛场天气情况。

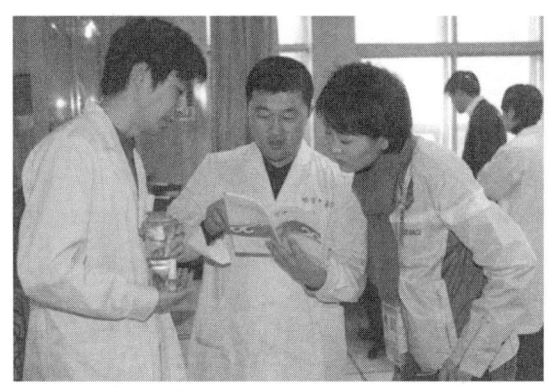

(2009年2月17日,来源:中国气象报社,作者:刘晓林、马旭清)

# 受大风降温天气影响
# 亚布力暂停适应性训练

  2月16日,记者在大冬会雪上项目亚布力赛场了解到,受近两天大风降雪天气的影响,先期抵达亚布力滑雪场的各国运动队均停止了适应性训练,通往跳台等赛场的索道也停止了运行,大冬会气象服务保障团队的现场工作人员只能依靠步行上山巡视。

  根据现场气象观测人员介绍,16日,亚布力滑雪场索道沿线的风速达到10米/秒以上,气温更是跌至$-22℃$,天气条件达不到训练要求,出于安全考虑,组委会停止了各国运动队的适应性训练和上山索道的运行。

  据亚布力临时气象台台长曹彦介绍,这种不适于训练的大风天气还将短暂持续,未来两天,亚布力的降雪将趋于停止,风力减小,天气将逐渐转为适合训练的晴朗天气,比赛期间的天气基本有利于赛事的正常进行。

(2009年2月17日,来源:中国气象报社,<br>作者:杨梅菊、刘晓林、赵培伟)

# 采访日志：初识哈尔滨

2009年2月18日至2月28日，第24届世界大学生冬季运动会将在我国冰城哈尔滨举行。此次大冬会在规模、参赛人数、项目数量上均创造了历史之最。中国天气网特派出特别报道小组奔赴大冬会现场，为您生动地展示大冬会赛场内外的风云变幻。2月15日，报道小组飞往哈尔滨，成员景阳讲述对哈尔滨和大冬会的第一印象。

下午三点四十分起飞，经过两个小时的颠簸，终于到达了目的地——哈尔滨。

之前从未来过，之后也许无此重要赛会之契机，总之，刚下飞机的我为哈尔滨针对世界大学生冬季运动会（大冬会）所做的准备着实震惊。

未到机场出口，便有手持各国语言路标的志愿者队伍为各国来宾引路，不少游人纷纷留影，惊叹大冬会服务之周到，哈尔滨城市之兼容并包。所有的文字我不曾全识，但所有的笑容都令人似曾相识。

再出机场，专用的大冬会专用通道，聚满绿色的志愿者，令初到哈尔滨的各国运动队都见识冰城的好客与豪爽。

哈尔滨华灯初上时，也是饥肠辘辘时，虽在饿时，但仍为夜灯连绵吸引，京城有其夜灯，但仅流于长安街畔，夜上海固有其黄浦江灯，却失于其繁华奢靡。冰城确有其独特魅力，夜灯遍其大街，无繁无简，奢华处见其喧，静敛处见其简，但奢不失风骨，简又显气度，确有其冰城独特之情之境。

领完黑龙江省气象局为我们提供的雪上装备之后，气象频道、中国气象报社以及我代表的中国天气网也纷纷开始准备第二天的亚布力之行。

（2009年2月17日，来源：中国天气网，作者：景阳）

# 采访日志：亚布力—帽儿山

2009年2月18日至2月28日，第24届世界大学生冬季运动会将在我国冰城哈尔滨举行。此次大冬会在规模、参赛人数、项目数量上均创造了历史之最。中国天气网特派出特别报道小组奔赴大冬会现场，为您生动地展示大冬会赛场内外的风云变幻。2月16日，报道组成员景阳到亚布力—帽儿山探访大冬会赛场。

早晨起来，头还有些晕晕的，今天的行程是哈尔滨—亚布力—帽儿山，上午8点，载着中国天气网、气象报社和气象频道报道队伍的车准时出发。

昨夜的冰城一夜飞雪，报社的刘晓林老师凌晨3点还跑到外面拍雪，令人敬佩。哈尔滨的大街上，各种清雪设备齐上阵，雪过后交通丝毫不乱，这就是东北城市的特点。昨天到时只在夜色中浏览了哈尔滨，早晨在市区内行车时，令人惊叹的是路边的各种大型冰雕和形态各异的树挂，冰城果真名不虚传。

黑龙江省气象局为我们准备的装备在亚布力发挥了莫大的作用，从雪镜到棉鞋，全身上下都保护的非常周到。穿着这身装备在亚布力接近-20℃的雪地里，虽然有些笨拙，但确实挡风保暖。

亚布力

今天的天气有些阴,风也不小,刚刚下过雪的亚布力一片洁白,黑龙江省气象台的同志告诉我们,由于风力过大,运动员的适应性训练都已经暂停了,上山的索道也暂时关闭。

在索道附近拍摄时,我们乘坐的车调头时却陷在雪中开不出来,大家还干了一回推车的体力活,帕拉丁确实重……

在自由式滑雪场地,我们看到了气象局的自动气象站,同时也为积雪所惊叹,每脚下去都没过膝盖,这样的雪还是头一次见,尤其是在北京经历了110天无降水的日子,见了雪尤其亲切,大家一时也忘记了拍照和工作,纷纷感受久违的白色。

帽儿山

吃过一顿非常简易的自助餐之后,我们又开始了向帽儿山的行程,抵达时天已半阴,虽然帽儿山的训练未受天气影响,但我们到时训练已经结束,只能补拍了部分雪景后下山。

今天的雪场天气不好,大家在惊异雪景之余不免有些遗憾。拿到了两处雪场的天气预报,比赛的前段数日都是好天气,是个不大不小的好消息。明天还要与气象频道一起再上亚布力,希望天公作美。

(2009年2月17日,来源:中国天气网,作者:景阳)

# 采访日志:再上亚布力

2009年2月18日至2月28日,第24届世界大学生冬季运动会将在我国冰城哈尔滨举行。此次大冬会在规模、参赛人数、项目数量上均创造了历史之最。中国天气网特派出特别报道小组奔赴大冬会现场,为您生动地展示大冬会赛场内外的风云变幻。2月17日,报道组成员景阳再上亚布力,探访大冬会滑雪场地。

今天睡得不错,没有昨夜头疼的感觉,早上晚起了一会,卡点吃了早饭,准备再上亚布力。

6个人坐一辆4座越野车,我与华风的技术陈迪同志轮流坐后备箱,陪同我们前去的高姐和司机小张十分健谈,都是豪爽的东北性格,3小时的车程过的很快。

我们本计划中午抵达后先去抢饭,亚布力的吃饭条件不好,自助餐只有几个菜,去晚了就只剩残羹剩饭,孰料赶到后才发现,原来早到也只有汤汤水水的几个菜,饥肠辘辘的我们只有猛吞米饭,并相互提醒19日之后长驻山上之后要准备补给。

亚布力高山滑雪场

今天的线索不多,但却如愿以偿地到达了雪场,在气象台同志的陪同下,我们到高山滑雪的赛道进行了拍摄。雪道上已经有许多运动员在适应训练,同时也有部分裁判在测试赛道,坡度接近45度的赛道,他们如履平地，看他们矫健的身手，真是非常羡慕。可一位裁判员告诉我们我们所处的赛道只是初级赛道，令我们小小地惊讶了一下。

雪场的雪，非常白非常平整，第一次到雪场，还是有些新奇。而且雪场里面要比山下感觉冷很多，虽然温度不算特低，但可能是相对湿度比较大的原因，风冷的有些刺骨，一个多小时下来，4个人脸上都没了知觉。

回到山下，在十分简陋的条件下完成了素材的整理，不能耽搁，因为还要开3个小时回家。发稿只能在后备箱完成了。

(2009年2月17日，来源：中国天气网，作者：景阳)

# 黑龙江省气象局
# 对全省观测设备进行最后检查

大冬会临近,黑龙江省气象局对全省观测设备进行最后检查,确保大冬会期间技术保障工作万无一失。

此次检查的重点是全省自动气象站、多普勒雷达、L波段雷达及闪电定位仪远程监控情况,此外大冬会期间全省相应观测项目实行24小时实时监控的制度也得以确立。

从2月18日开始,黑龙江省大气探测技术保障中心开始实行业务人员24小时应急值班制度,确保及时发现并处理远程监控异常情况,为大冬会气象观测提供较好的技术保障。

同时,在大冬会期间比赛期间,牡丹江天气雷达和哈尔滨天气雷达将进行加密观测。

(2009年2月18日,来源:中国气象报社,作者:王伟)

# 黑龙江省气象局
# 24小时监控全省观测资料

　　大冬会临近,黑龙江省气象局对全省观测资料进行24小时监控,重点监控全省自动气象站、多普勒雷达、L波段雷达及闪电定位仪远程运行情况。

　　黑龙江省气象局要求,从2月18日开始,省大气探测技术保障中心实行业务人员24小时应急值班制度,确保远程监控异常情况的及时发现和应急处理,为大冬会气象观测提供较好的技术保障。同时,在比赛期间,省气象局还将对牡丹江天气雷达和哈尔滨天气雷达进行加密观测,随时掌握赛场天气情况,为大冬会提供安全可靠的技术保障。

　　(2009年2月18日,来源:中国气象报社,作者:张玉成、王伟)

## 兄弟部门通力协作

# 大冬会召开在即
# 哈尔滨综合污染防治保障比赛进行

据报道,"冰城"哈尔滨市正在采取大气污染防治和环境治理综合措施,确保第24届世界大学生冬季运动会期间的环境安全和环境空气质量。

记者从哈尔滨市环保局获悉,在已经实施的控制大气污染措施的基础上,哈尔滨市相关部门将借鉴北京、天津、沈阳等城市在北京奥运会期间保障空气质量的做法,协调交通、供热等部门和大型工业企业采取一系列临时性大气污染防治措施。据介绍,有着"冰城"之誉的哈尔滨市作为中国东北省份黑龙江省的省会城市,每年冬季采暖期长达6个月,燃煤供暖成为导致冬季空气环境污染的主要问题。同时,哈尔滨市冬季经常出现逆温等不利气象条件,空气的流动性差、自净能力低,对于空气环境质量也造成影响。为保障哈尔滨市区、尚志市亚布力、帽儿山等赛场周边区域在"大冬会"期间的环境质量,哈尔滨对重点工业企业、供热企业、交通领域进行综合环境治理,要求哈尔滨制药总厂等重点工业企业采取调整检修时间、压缩燃煤量、强化污染治理和环境管理等措施,在确保达标排放的基础上减少烟尘排放总量30%。哈尔滨市供暖企业将对除尘措施进行改造,通过实现"气象供热"的科学措施、洁净煤技术以及减少锅炉启动次数,在保证供热稳定运行的同时,减少污染物排放。哈尔滨市交通部门则通过新增"绿色公交"车辆以及监管原有公交车辆污染达标排放,保障环境空气质量。第24届世界大学生冬季运动会将于2月18日在冰城哈尔滨揭幕。这是中国首次举办的高水平世界综合性冬季项目运动会,预计有50余个国家和地区的运动员参加比赛。

(2009年2月3日,来源:新华社)

# 哈尔滨大冬会期间能否确保出行畅通?

作为继北京奥运会和残奥会之后中国承办的又一世界性体育赛事,第24届世界大学生冬季运动会将于2月18日在中国"冰城"哈尔滨开幕。大冬会期间,赛会相关人员的出行能否畅通?这座城市将为来自世界各地的客人提供怎样的交通保障?带着这些问题,新华社记者采访了大冬会交通组织保障部门相关负责人。

**递好冰城"第一张名片"**

去年入冬以来,哈尔滨部分出租车曾出现"拒载"等不文明现象,令这一群体饱受市民和游客争议。

针对这一现象,哈尔滨市交通局局长贾剑涛在接受新华社记者采访时表示,交通主管部门已经对社会反映强烈的一系列问题进行了强力整治,并对违法违规出租车设立了三条"高压线"。

这三条"高压线"包括对拒载、强行拼客、车容不整改正不力或拒不改正的,给予高限处罚,并在考核中扣分;对多次违规扣满12分的、两次拒载和故意绕行的,给予下岗培训处罚;对严重违规违纪造成重大影响的、安装"蹦得快"宰客的、违规驾驶发生重大责任事故的、使用套牌车从事非法营运的,列入行业黑名单,清除出行业队伍。

贾剑涛说,大冬会期间,出租车企业将对运营车辆实行两天一召回,进行卫生和设备状况检查,驾驶员在交接班时还要擦洗车辆,确保车容整洁,设备完好。1000名统一着装的星级驾驶员将在赛会期间被选派到比赛场馆、参赛人员驻地及周边地区提供服务。机场、火车站、旅游景点、各大宾馆周边的车源也将得到科学调度,并实行24小时监管。

针对市民在赛会期间的上下班乘车需求,贾剑涛表示,届时将保证每天有不少于5000辆出租车错开高峰时段交接班,市民"上下班期间难打车"的问题会得到有效改善。同时,285台全新的绿色环保公交车也将在各条线路上与市民见面,公交车"冒黑烟"的现象将彻底消失;79条公交线路的2715台公交车辆将使用车载GPS设备自动报站;客运总站还储备了40台客运车辆共1600个座位,随时听候赛会调用……

大冬会期间,还将为去往雪上项目赛场的观众开通哈尔滨至亚布力、帽儿山旅游客运专线,并在市区6个客运站及亚布力沿线客运站设立大冬会专门售票窗口、专用检票口、专用发车站台、进出站绿色通道。这些线路将由高等级环保客车和高级旅游车辆执行,并配备优秀司乘人员。

贾剑涛说,全市交通参与者为大冬会的公交服务做了大量细致的准备。他相信,作为展示城市文明形象第一窗口,赛会期间,公交服务将为冰城递好"第一张名片"。

**设立专用车道,单双号限行**

来自哈尔滨公安交通管理局的消息称,大冬会期间,哈尔滨将设立19条实行单双号通行规定的道路、47条禁行货运车辆以及危险品运输车辆通道,同时在13条街道设立"大冬会专用车道"。哈尔滨市委常委、主管交通的副市长王世华在接受新华社记者采访时说,这些借鉴北京奥运会的临时交通干预措施,将保证赛会车辆行驶畅通。

据介绍,2月15日至3月1日,长江路、中宣街、中山路(河沟街至和平路)、宣化街、南通大街、田地街(兆麟街至南极街)、南极街(承德街至田地街)、和兴路(林兴路至和平路)、三大动力路、电塔街、公滨路(中山路至南直路)、南直路(公滨路至黄河路)和进乡街(通乡街至零公里)将设置大冬会专用车道。每日7时至22时,大冬会专用车道只准许大冬会车辆(持大冬会专用证件)通行,禁止其他车辆占用。

同时,每日7时至20时,在哈尔滨部分路段,除公交车、出租车、特种车、大冬会持证车辆以及19座以上(含19座)大型客车外,其他机动车辆实施单双号通行的管理规定,即车牌尾号为单数的机动车只允许单日通行;车牌尾号为双数的机动车只允许双日通行。

每日6时至22时,将在比赛场地周边地区设置禁行路段,禁止货运机动车、危险品运输车、摩托车和港田车通行。规定除大冬会专用证件外,其他证件无效。

此外,在大冬会开幕式当天,将对市区部分路段实行更为细致的临时交通管制措施。赛事期间,哈尔滨市冰上基地、哈尔滨市国际会展体育中心、哈尔滨冰球馆、哈尔滨体育学院大学生冰球馆和哈尔滨理工大学冰球馆等竞赛场馆周边道路禁止与赛事无关车辆通行,交通管控时间为比赛前2小时和比赛结束后1小时。

**确保紧急状况下"天地畅通"**

作为冬季体育赛事,随时可能面临低温雨雪天气,大冬会组委会副秘书长赵勤义向新华社记者介绍，为保证各种状态下的道路畅通，组委会联合哈尔滨市各部门做了大量的应急预案。

赵勤义说，以大冬会期间遇到冰雪天气为例，哈尔滨将以雪为令，下雪即清。全力保证主要干线公路、交通枢纽、急弯陡坡等重点部位道路的畅通。目前，公路部门已经将除雪机具和防滑材料准备充足。

交通、公安、气象部门届时将密切配合，随时向社会发布天气情况及路况信息，认真执行相关区域的禁行、限行政策。一旦出现交通中断或严重堵塞的情况，各相关部门会立即启动应急预案，组织车辆绕行，快速疏导交通。

此外，各比赛场馆周边均有应急保障车辆，雪上项目赛场内还有专门的通行工具，参赛运动员一旦出现患病、受伤等紧急情况，能够第一时间得到救治。

为此，赛会各部门近日专门进行了"空中救治实战演习"。在这次演习中，由地面各部门和直升机运输人员组成的救护网络出色完成了任务。模拟伤员从距市区100多千米的亚布力赛场—医院急诊—核磁共振—手术室，整个过程用时不到60分钟，为抢救伤员赢得宝贵的时间。

(2009年2月13日，来源：新华社，作者：颜秉光、刘景洋)

# 大冬会场馆除雪忙

前两天哈尔滨的一场雪打消了组委会和社会公众对天气回暖影响比赛的顾虑,但同时也让各个场馆的保洁人员着实忙活了一阵子。为了保证场馆地面不结冰,也为了保证大冬会顺利开幕,保洁人员及时开展除雪工作。

图为2月15日哈尔滨国际会展中心体育馆的保洁人员正在进行最后除雪,第24届大冬会的开、闭幕式以及花样滑冰比赛将在这里举行。

(2009年2月16日,来源:中国气象报社,作者:刘晓林、杨梅菊)

# 40余辆环保公交今起服务大冬会

2月15日下午,一辆车身喷有第24届大冬会吉祥物"冬冬"图案的公交车停在黑龙江省滑冰馆前,这辆大冬会裁判专用班车第一天投入使用,其特殊之处在于,以压缩天然气为动力、排放标准完全符合国际要求,具有扭矩大、噪音低、安全性高的特点,车内设施也突出人性化设置。

据悉,当天共有40余辆这样的绿色环保车投入大冬会的交通服务。

(2009年2月16日,来源:中国气象报社,作者:刘晓林、杨梅菊)

# 气象环保联姻助力"绿色大冬会"目标

为了向社会公众和大冬会赛区运动员提供良好的环境空气质量预报服务,确保达到省政府提出的"绿色大冬会"的要求,近日,在哈尔滨市气象局和环保局前期研究和多次沟通的基础上,黑龙江省气象局党组成员、大冬会气象服务领导小组常务副组长尹福安一行前往哈尔滨市环境监测站,就大冬会期间的空气质量预报、预警达成双方协议,形成《大冬会空气质量预报会商及预报方案》和《大冬会期间污染天气新闻沟通预案》。其主要内容为,大冬会期间,市环境监测站和市气象台信息资料共享,联合会商,最终形成空气质量预报结果。当出现极端不利的气象条件时,市气象台将最大限度地提前做出预测,市监测站将就可能形成的空气污染程度向有关主管部门及时报告和预警,并同时启动《大冬会期间污染天气新闻沟通预案》。

(2009年2月18日,来源:中国气象报社,作者:袁长焕、韩滨茹)

## 风雪预报也是军令

亚布力临时气象台发布的天气预报,在武警官兵那里就是军令。越是坏天气越是严格工作管理,绝不因风大天冷而忽略安检程序。

记得第一次见到他们的时候也是站在风里,以后的几天里,各路的新闻记者来了,观众也来了,可他们依然站在风里。每天中总在此出出进进好几次,难免用镜头对准他们拍摄,打招呼说说话,军人因军令在身不能随意搭讪,但从他们还很单纯和善意的眼神里,找到了温馨。

他们坚守在大冬会亚布力雪上项目赛区安保工作的第一关——亚布力山门,这也是进入亚布力赛区的唯一通道。

(2009年2月24日,来源:中国气象报社,作者:刘晓林)

# 服务篇

## 总体部署

# 四年磨剑为今朝　气象情牵大冬会
# 精细化服务助力大冬会完美开幕

"不怕冷，天气预报说气温偏低，嘱咐我们外出多加衣物，出门就穿得暖和和的，心里也热乎乎的，你们一定要把我们哈尔滨好好报道一下。"18日晚，许多没能现场观看大冬会开幕式的哈尔滨市民走上街头，来到哈尔滨国际会展中心外围，远远观看这座被灯火装饰得格外耀眼的建筑、亲历火炬燃亮夜幕下的冰城——市民王振湖和家人也在其中，今夜的他们看起来尤为开心。

2月18日20时，整个哈尔滨的夜空因为冰雪之梦的实现而闪光——第24届大学生冬季运动会在这里完美开幕。从2003年开始申办大冬会，哈尔滨人便开始等待这一天，4年磨剑今夜终出鞘；而从开始为大冬会申办工作承担气象论证工作的那一刻开始，所有气象人就只有一个名字，那就是"大冬会气象服务人员"，今夜，四年辛劳终于梦圆。

此时守在电视机前观看开幕式的哈尔滨市气象台副台长陈莉更是松了一口气——作为唯一一个不在室内进行的环节，大冬会火炬的顺利点燃意味着气象人的大冬会第一局闯关成功；而市民王振湖的话更是对几天来所有奋战在气象服务一线的工作人员的最大嘉奖和鼓舞；与哈尔滨市气象台工作人员们一样没有回家的，还有"后方指挥中心"——黑龙江省气象台的工作人员们，许多个不眠之夜之后，他们所有的努力都在今夜得到了答复。

当日上午,在第24届大学生冬季运动会组委会第三次会议上即开幕前最后一次会议上,大冬会组委会副主席、执行主席,省委常委、常务副省长杜家豪在会上作大冬会前期筹备工作的报告。报告中,他对气象服务保障的筹备工作给予了高度评价,而这场体育盛事的完美启幕则再次证明了大冬会气象部门精细化服务工作的含金量。

"这不是最后的考试,及格也不是我们所追求的目标,我们希望可以笑到最后。"亚布力临时气象台台长曹彦面对挑战依旧冷静。

(2009年2月18日,来源:中国气象报社,
作者:杨梅菊、刘晓林、马旭清)

# 气象信息成为赛场竞委会领队会首议内容

在亚布力赛场竞委会领队会上,气象信息成为商讨的第一项内容。

由于在高山跳台滑雪和单板空中技巧等某些雪上项目中,对风向和风速等天气要素要求极高,如果天气要素应用不当,不但会影响运动员的比赛成绩,有时候还会对运动员的生命和身体造成威胁,所以天气预报成为比赛中至关重要的一个环节。在竞委会领队会上,亚布力临时气象台专家被邀请参加每期领队会议,气象专家通过PPT方式讲解各赛事天气变化情况和各气象要素预报,各竞委会的领队根据气象预报制定相应的训练和比赛时间,如果天气突变将调整某些对气象要素要求较高项目的比赛日程。

(2009年2月19日,来源:中国气象报社,作者:高海虹、张玉成)

## 黑龙江气象信息中心
## 确保大冬会网络安全

按照大冬会气象服务领导小组的要求和部署,黑龙江省气象信息中心为大冬会气象服务系统连续12次顺利通过技术测试和正常运行发挥了重要作用,受到大冬会气象服务领导小组的充分肯定和好评。该中心加强网络、软件、项目以及安全等方面的建设,切实做好大冬会气象信息保障服务工作。

在大冬会气象服务准备期间,该中心在第一时间申报并及时开通了哈尔滨市气象局至亚布力和帽儿山两条VPN专线,组建了亚布力、帽儿山局域网络,开通了视频会商系统和室外视频监控系统。同时,该中心负责建设了大冬会服务网站,并在短短20天内就完成了大冬会中英文网站建设,成功与大冬会官方网站联合推出;中心还开发了大冬会赛场自动站数据上传报警程序和哈尔滨市气象局至亚布力、帽儿山线路报警程序,用于随时发现自动站上传情况和线路通断情况。此外,为保证赛场能与北京直接进行电视会商,信息中心还调通了哈尔滨市气象局至北京电视会商系统,从而使哈尔滨市气象局、亚布力赛场、帽儿山赛场可直接参加全国会商。为了防止网络病毒侵入及黑客攻击,中心还为大冬会气象服务中心增设了硬件防火墙并对外网端口封锁限制,确保大冬会期间气象网络数据的安全传输。

(2009年2月19日,来源:中国气象报社,作者:袁长焕、王世彤、杨梅菊)

# 哈尔滨市气象台
# 运用奥运气象服务成果服务大冬会

大冬会期间，黑龙江省哈尔滨市气象台充分运用奥运气象服务科技成果加强高影响天气的预测，尤其在为亚布力、帽儿山赛场雪上项目提供精细化服务方面发挥了良好作用，取得明显实效。

大冬会期间，哈尔滨市气象台充分运用以 WRF 模式为基础的精细同化预报系统，对 MM5 细网格数值预报模式按精细化要求进行本地化，对数值模式预报产品进行综合集成，针对预报上存在的一定难度，通过对比预报检验和两年的历史气象资料，充分分析，找出了不同赛道的特殊性。例如在高山项目比赛中，山上的雪量一般比山下降雪量大，而三面环山的赛道风力通常较小，风向单一。通过总结规律，并在使用各种预报方法和数值预报产品的基础上加以订正，给以解决；同时根据任务需要，加强同中央气象台大冬会重大活动、高影响天气会商，适时开展中期天气会商，必要时组织专门电视会商，并随时加强电话会商。

为保证大冬会期间气象服务产品内容的一致性，发布的权威性、及时性和新闻性，组织制定了《大冬会气象服务产品发布流程》，该《流程》明确了气象服务产品的适用范围、执行单位以及产品制作部门、发布时间，同时对预报产品的订正提出要求。该《流程》使大冬会期间气象服务产品的发布更加规范、有序。

大冬会期间，哈尔滨市气象台还建立了每日一会制度，对每天的针对性预报进行实况对比分析，找出差距和不足，做到日日有总结，事事有部署；同时建立了《大冬会气象服务新闻沟通预案》，新闻发布力求人性化和科学化。

（2009 年 2 月 20 日，来源：中国气象报社，作者：袁长焕、王世彤）

## 联合报道队伍克服困难做好宣传工作

大冬会期间,中国气象报社、中国天气网、华风影视集团、黑龙江省气象局驻大冬会联合报道队伍克服各种困难,及时将大冬会气象保障服务工作和气象人的风采呈现给广大公众。图为联合报道队伍合影。

(2009年2月20日,来源:中国气象报社)

# 沈阳中心气象台
# 为第24届大冬会赛场提供精细预报

日前,第24届世界大学生冬季运动会在黑龙江省哈尔滨市开幕。沈阳区域气象中心积极发挥区域中心业务指导作用,从2月10日开始,每天为此次运动会提供精细预报,并在"东北三省气象信息共享平台"上发布。

据悉,本届大冬会的冰上项目在哈尔滨举行,雪上项目在亚布力和帽儿山雪场举行。沈阳中心气象台为此提前制定了预报服务方案,专门设计了"第24届大学生冬季运动会气象服务专报"模版,于2月10日至28日期间每天上午9时在"东北三省气象信息共享平台"上发布,服务专报内容包括:哈尔滨、尚志市当日及次日逐三小时天气、温度、相对湿度、风向、风速和降水量预报,哈尔滨、尚志市未来3~7天预报,以及不定时的发布灾害性天气预报共三方面内容。

(2009年2月24日,来源:中国气象报社,作者:陈传雷)

## 天气成为赛前会第一话题

22日下午，跳台滑雪竞赛委员会专门针对23日即将进行的K125级别的跳台比赛召开赛前会议，亚布力气象台曹彦台长及部分气象台工作人员参加了会议。

为了更好的针对各项赛事的气象需求服务，每天各项目竞赛委员会上都会有气象台的工作人员参与。尤其是最近几天，亚布力天气多变，多项比赛均被迫推迟，所以在各项比赛的赛前会议上，天气都成为第一话题。

之前进行的K90级跳台比赛一度受到天气影响，导致比赛推迟一天进行，在22日的跳台滑雪赛前会议上，竞委会专门针对明天比赛时段的天气进行了讨论。

K125级跳台比赛将于23日上午8时开始训练，为了预防出现天气突变影响比赛的情况，正式比赛将在训练结束后直接进行。

(2009年2月23日，来源：中国天气网，作者：景阳、高海虹)

# 黑龙江省气象局
# 对大冬会气象服务再作部署

2月22日下午,黑龙江省气象局党组书记、局长杨卫东组织召开了由省气象局党组成员、科技减灾处、监测网络处、办公室、省气象台、哈尔滨市气象局等有关人员参加的大冬会气象服务专题会议,会议对开赛以来的气象服务情况进行小结,并对下一步气象服务再作部署、再鼓干劲、再加措施。

据悉,大冬会气象服务全体人员按照分工和要求,恪尽职守,精心服务,捷报频传,取得了一个又一个可喜成果,受到大冬会组委会、官员、裁判和运动员的肯定和好评。大冬会哈尔滨冰上基地速滑馆总裁判长梅尔拉德在发给中国气象报记者的电子邮件中称气象专报完全符合需求,可以在任何一个滑冰馆自如地使用这份气象专报,中国气象人员提供的气象数据很精准;由于天气原因,几场比赛被迫推迟,气象服务人员及时准确的预测预报服务,同样换来一片赞扬声,高山滑雪竞委会技术代表中村实彦多次前往亚布力气象台表示感谢。

由于亚布力滑雪场天气多变,致使许多比赛项目被迫改变赛程,亚布力临时气象台已启动气象应急观测系统,对天气条件和气象要素进行加密观测,以应对多日来的天气多变,为高需求赛事提供针对性气象服务。

杨卫东对下一步大冬会气象服务保障进行强调和部署。一是大冬会气象服务各部门要再接再厉,决不能有丝毫松懈,要进行再检查、再动员、再部署;二是各部门要加强联系、加强沟通,加强配合,相互协作,再建新功;三是要进一步加强高影响天气的预测预报,讲究科学、实事求是、严谨周密,"变更"比赛的天气预报要争取中央气象台给予明细指导;四是网络保障要备份充分,分工明确,进行再检查、再落实;五是宣传工作要进一步挖掘气象服务的亮点和闪光点,多注意服务对象的反映,进一步加强重点工作的报道。

(2009年2月23日,来源:中国气象报社,
作者:袁长焕、王健、王世彤、马旭清)

## 亚布力赛区气象保障

# 亚布力气象台
# 为国外参赛队提供首份气象资料

2月16日,按照大冬会各竞委会要求,亚布力临时气象台开始发布图表化幻灯片气象素材,这也是亚布力气象台为国外参赛代表队提供的首份气象资料。

气象素材以气温、降水、风和天气状况为主,为各竞委会详解未来2~3天的天气状况,并就各竞委会领队所关心的天气方面所提出的问题做出的解答。

(2009年2月18日,来源:中国天气网,
作者:杨梅菊、王世彤、袁长焕)

# 临时气象台克服恶劣天气
# 安装便携式自动站

2月17日,亚布力临时气象台克服－20℃的严寒,对3台CAWS620-MS便携式自动气象站进行了室外安装调试,至此,亚布力临时气象台站全部设备均完成调试,迎接大冬会的气象大阅兵。

据亚布力临时气象台台长曹彦介绍,此次安装困难较大,由于亚布力雪地摩托运力紧缺无法协助运送设备,只能采取人背肩扛的原始运输方式,同时还要克服低温和4～5级的大风天气,包括曹彦在内的6名技术人员均需背负35千克～40千克的设备登上亚布力赛场最高的高山滑雪场地大锅盔山进行安装,直线距离达500多米。据悉,此次的安装工作一直持续到晚6时才全部完成。

(2009年2月18日,来源:中国气象报社,
作者:杨梅菊、高海虹、赵培伟)

# 临时气象台亮相
# 亚布力滑雪场首次领队会

2月17日,大冬会亚布力滑雪场首次召开竞赛组委会领队会议,临时气象台站亮相领队会。

领队会初步确定了亚布力气象台在赛事期间的主要任务:根据竞赛日程以及竞委会和领队代表提出的需求,除做好预报发布工作外,还将根据比赛需要提供相应预报服务,为与会代表团提供准确、人性化的气象服务和现场解答。

据亚布力临时气象台台长曹彦介绍,按照各竞委会在领队会上临时提出的需求,亚布力临时气象台将从17日子夜12时开始,为各比赛区提供比赛期间10天的赛况天气预报,并从17日18时开始,为各赛场大屏幕提供未来三天的天气预报。

据悉,从17日开始,亚布力临时气象台开始正式参加越野滑雪、北欧两项、自由式滑雪竞委会、高山滑雪、跳台滑雪等项目的领队会议,为竞赛委员会及各国代表团提供现场、直接、面对面的气象服务和竞赛决策服务,以确保服务的高质量、竞技的高水准和竞争的高风格。

（2009年2月18日,来源:中国气象报社,<br>作者:杨梅菊、高海虹、赵培伟）

# 亚布力将开始为期两天的正式雪上训练

2月17日,亚布力滑雪场结束了近几天的恶劣天气,天气转晴,风力逐渐减弱,部分代表队重新恢复了适应性训练。记者从亚布力滑雪场竞赛组委会了解到,从18日开始,参加大冬会雪上项目的各支代表队将在亚布力滑雪场开始为期两天的正式训练。

从亚布力临时气象台提供的预报来看,预计未来3天气温变化不大。18日将在亚布力滑雪场进行的正式训练项目主要集中在越野滑雪场和跳台滑雪场,根据哈尔滨大冬会气象保障队亚布力气象台发布的天气预报,18日白天越野滑雪场的气温在－8℃到－12℃上下,跳台滑雪场的气温为－6℃～－13℃,天气晴朗,风力不大,是适宜训练的好天气。

19日,亚布力滑雪场将迎来一轮降雪天气,能见度较低,风力在3～5米/秒左右。

(2009年2月18日,来源:中国气象报社,作者:杨梅菊、马旭清)

## 亚布力赛场竞委会设立气象信息专用信箱

为了及时为各竞委会提供方便、快捷、优质、高效的气象服务信息,近日,亚布力临时气象台主动与大冬会各竞委会进行沟通,在亚布力竞赛指挥中心一楼申请设立了气象专用信箱,用于及时收集各竞委会对气象信息的需求,以便制作出最直接、易懂的气象预报产品。气象信息专用信箱受到了各国技术代表的欢迎和肯定。

(2009年2月19日,来源:中国气象报社,作者:王世彤、袁长焕)

# 采访日志：入驻亚布力

2009年2月18日至2月28日，第24届世界大学生冬季运动会将在我国冰城哈尔滨举行。此次大冬会在规模、参赛人数、项目数量上均创造了历史之最。中国天气网特派出特别报道小组奔赴大冬会现场，为您生动地展示大冬会赛场内外的风云变幻。2月19日，报道组成员景阳正式驻扎滑雪赛场亚布力。

今天要上山驻扎了，心里有些不安，也有些激动，起的很早，早饭没吃就上了车。

21座车偌大的车厢里只坐了8个人，车的后半部分被我们带的各种补给物资堆的满满的，有牛奶、面包、水果、方便面，还有各种零食，山上最困难的就是热水和饮食。

仍然是同样的3个小时，仍然是昏昏沉沉迷迷糊糊，几天下来连续的长途奔袭已经让我们养成了上车迷糊下车精神的好习惯。今天听说局里的孙先健组长要来看望大家，大家都有些兴奋。

上午10点多，孙组长来了，自然是拿着相机一阵猛拍，孙组长先了解了一些前线的情况，还特意叮嘱大家身体为重，一有不适及早治疗。

接下来，孙组长又到越野场地看了自动气象站，正赶上运动员在场地里训练，又是一阵猛拍。

大组委官员和翻译

期间还采访了一个大组委的官员，非常热情的通过翻译相互寒暄了一下，翻译小姐也很漂亮，官员来自比利时，负责大组委秘书处的工作。

中午的自助餐水平有所提高，今天是第一回在山上感觉渴，估计是气温有些回升的缘故，喝了5杯用热水冲成的果珍，非常温暖。

　　下午坐着缆车来到了山上的跳台场地，我们到达时训练已经快要结束了，跳台十分高，大概有五六十米的样子，看到最后几个运动员跳下来的身影，可是手不够快没有拍到。旁边好多运动员在维护器材，我们也跟中国队的队员进行了交流，并预祝他们好运。第一次接触××国家队，感觉他们面对镜头时比一般人还要紧张。

　　拍完后到IBC写了稿子回传了素材，央视等媒体都驻扎在这里，跟他们一比，我们的条件真是艰苦的多，IBC的条件跟五星级酒店有的一拼，但不同的是——全免费，我们也混了点久违的水果。

（2009年2月19日，来源：中国天气网，作者：景阳）

# 大冬会跳台滑雪正式训练结束
# 将清理蓬松新雪

2月19日,跳台K90级比赛正式训练在亚布力滑雪场跳台滑雪场地进行。下午15时许,亚布力滑雪场飘起了雪花,目前跳台比赛场的各支运动队均已结束训练,雪场的清理工作正在紧张进行。

根据哈尔滨市气象台的预测,本次降雪过程量级以小雪为主,19日下午到夜间降雪较大,20日凌晨降雪逐渐停止,白天亚布力将是以晴为主的好天气。

跳台比赛裁判朴东锡说,由于新雪雪质较为蓬松,若场内新雪较多,将直接影响运动员在比赛中的发挥。目前跳台比赛场内用雪以人工造雪为主,随着降雪的来临,裁判员和场地工作人员将在明天正式比赛开始前进行场内新雪的清理工作。

截至记者发稿时,亚布力滑雪场的降雪仍在持续,但降雪量不大,雪场清理工作仍在进行。

跳台比赛中风力、风向和雪温等气象数据对比赛影响较大,一般来说,迎风、风力在3米/秒以下是适宜比赛的天气。中国代表团K90级选手杨光说,今天的天气总体对进行训练较为适宜,目前中国队已进行了三轮训练,训练情况较为理想。

另外,跳台比赛中,运动员通常会根据雪温的高低,来决定比赛中使用何种雪蜡,雪蜡涂抹在滑雪板底部,对运动员的滑行起到减小摩擦的作用。根据不同的雪温,雪蜡主要分低温蜡、面蜡和高温蜡几种。今天跳台比赛场的雪温适中,运动员普遍使用面蜡进行训练。

(2009年2月19日,来源:中国天气网,作者:景阳、高海红)

## 赛场天气预报传遍亚布力各个角落

2月19日上午,越野滑雪正式训练在亚布力滑雪场越野比赛场地进行,中国天气网前方记者在越野比赛场地看到,天气预报信息已经"传"遍亚布力各个角落。

在训练场地和各办公楼,天气预报公告均在醒目的位置出现,为运动员和工作人员服务。在亚布力新闻中心,随处可见的高清电视可以收到气象频道的节目。如果你人在野外,赛场内的广播也在运动员训练的同时滚动播报天气预报。整个亚布力滑雪场,天气预报信息可谓"无孔不入"。

来自大冬会组委会的一名官员在提到天气时,对亚布力滑雪场的天气预报服务做出了很高的评价,大冬会的气象预报服务为组委会和运动员提供了很多方便。同时,由于亚布力气象台的工作人员都具备较强的外语能力,使得组委会和气象台之间的沟通少了许多障碍。

(2009年2月19日,来源:中国天气网,作者:景阳、高海红)

# 移动气象车为雪上项目提供服务

2月19日,工作人员在亚布力赛场外调试气象设备。为了给雪上项目提供完备的气象服务,黑龙江省气象部门出动了气象应急指挥车,保障雪上项目的顺利进行。

(2009年2月19日,来源:新华社,作者:王春雨)

# 亚布力21日有降雪赛程调整
# 临时气象台成关注焦点

2月19日下午3时左右,亚布力临时气象台准确预报的一场小雪开始如期飘落在亚布力滑雪场的上空,各国代表队纷纷结束正式训练,返回驻地。

当日下午6时左右,记者从亚布力新闻中心处获悉,原定21日举行的男女高山滑雪速降和越野短距离滑雪都将改在20日上午举行,降雪和赛程的调整令亚布力临时气象台再次成为技术代表和随队官员们关注的焦点。

亚布力临时气象台台长曹彦告诉记者,根据目前的预报,19日的降雪过程将在今夜结束,21日可能会有另外一次降雪过程,20日虽然有风但无降雪,因此,避开21日的降雪有利于两项比赛的进行。曹彦透露,除气象条件,赛道的综合利用是此次赛程调整主要原因。

各比赛竞委会的技术代表是决定比赛日程是否需要变动的权威人员。雪刚开始下,高山竞委会技术代表中村实彦便来到亚布力气象台询问高山滑雪比赛的相关气象信息,由于比赛中的滑降对风的要求很高,中村实彦担心大风会导致运动员在比赛中动作下移,因此,明天的风速和风向数据是中村实彦最关心的内容。

此外,自由式滑雪争霸赛、北欧两项个人和跳台滑雪个人90千米项目的决赛都将按原定计划在大冬会亚布力赛场拉开帷幕,届时天气变化尤其是风力和雪温的变化,将对运动员的成绩产生很大影响,由于跳台滑雪的比赛场地的雪要求雪质比较硬,因此亚布力气象台发布的有关降雪的预报,将决定明天赛事组织者是否需要采取压雪的措施,同时运动员也将根据亚布力气象台的降雪预报针对不同的雪质采取不同的战术。

(2009年2月19日,来源:中国气象报社,作者:杨梅菊、高海虹)

## 亚布力气象台靠前服务
## 以优质准确及时赢得赞誉

自 2 月 13 日亚布力临时气象台正式启动以来,该气象台积极与各竞赛组委会进行沟通,了解需求,提供所需气象信息。由于是第一次举办国际性冬季运动赛事,亚布力临时气象台主动了解每项比赛的具体需求,将详实、准确、权威的气象要素提供给各单项竞委会,使之与其国际技术代表沟通,落实气象需求。各单项竞委会对亚布力临时气象台的工作给予了高度赞誉。

(2009 年 2 月 19 日,来源:中国气象报社,作者:曹彦、王世彤、袁长焕)

## 亚布力降雪明显减小
## 跳台滑雪迎来挑战

今天(20日)跳台滑雪的个人赛将在亚布力滑雪中心进行。相对于室内的冰上项目来说,跳台滑雪可是十分依赖气象条件。

哈尔滨市气象台预报,预计亚布力20日雪量较之昨天有明显减小,天空云量较多,能见度较高,亚布力滑雪场8时的温度在-17℃上下,各项比赛将于今天上午10时先后进行。提醒外出观赛的朋友注意保暖。

雪地上的阳光反射是很厉害的,会直接影响到运动员的发挥。加上滑行中冷风对眼睛的刺激也很大,所以佩戴滑雪镜非常重要。而滑雪镜最好选全封闭型的,同时外框上有用透气海绵制成透气口的,以使面部皮肤排出的热气散到镜外,保持视野清晰;另外镜框要厚一点,以便将眼睛全部罩住;镜片颜色以黄色或茶色为佳。

跳台滑雪也称"跳雪",利用跳台进行的一种跳跃滑雪比赛,滑雪者两脚各绑一块专用雪板,比赛时运动员不用雪杖,不借助任何外力,以自身体重从起滑台起滑,因此跳台滑雪要求风速需低于3米/秒。此外,能见度在滑雪比赛中也较重要。

(2009年2月20日,来源:中国天气网)

## 大学生运动员征服艰苦越野滑

如果不是亲眼看到一百余名越野滑雪运动员冲过终点后纷纷瘫倒的惨状,记者还无法体会这冰雪"马拉松"的艰苦。

作为历史最悠久的雪上运动项目,越野滑雪要在上坡、下坡和平地各三分之一的赛道上滑行几千米到几十千米,是冰雪运动中最艰苦的项目之一。

20日,在哈尔滨世界大冬会越野滑雪赛场边,记者看到了几十名为中国队的师兄、师姐加油的小队员。他们告诉记者,越野滑雪对体能和耐力的要求极高,很多时候在训练后,他们都有放弃的想法,因为太苦了。

就是这本就十分艰苦的比赛,20日的亚布力又给它增加了两个难题。一是极度寒冷,二是临赛下雪。

据亚布力气象部门监测,20日越野滑雪比赛场地的气温是-16℃,记者在雪场站了近3个小时,双脚已失知觉。许多已习惯在-10℃以内训练和比赛的欧洲运动员也纷纷喊冷。

另外,从19日晚一直持续到20日上午的中雪也极大地增加了大冬会越野滑雪的难度。越野滑雪项目的竞赛裁判长刘群说,临赛下雪将考验运动员的适应能力,对他们技术的要求更高了。

与越野滑雪的异常艰苦相比,参加本届大冬会的越野滑雪运动员绝大多数是各代表队的二三线队员,还有相当一部分是刚刚接受训练的业余选手,哈尔滨大冬会是他们的第一次正式比赛。

当业余选手遭遇艰苦比赛时,大学生们的青春激情迸发出了无限力量。

来自希腊队的5千米女选手玛·玛丽安西仅仅19岁,在专业教练眼里,她属于"不会滑"的运动员。尽管步履蹒跚,但小姑娘仍顽强地冲过了终点,28分44秒的成绩几乎是冠军的两倍,而玛丽西安在赛后仍笑着回味自己的比赛,她高兴地向记者炫耀"自己完成了比赛"。

(2009年2月20日,来源:新华社,作者:李铮、刘景洋)

# 气象信息专报成为各参赛队必读物

2月20日是雪上项目比赛的第一天,各参赛队十分关注赛场当天比赛时段的天气情况。天气的气温变化、雪温的高低、相对湿度以及风向风速和能见度,都成为各参赛队官员和教练员最关心的问题。因此,亚布力赛场气象台每3小时发布的天气预报成为他们的必读物。

(2009年2月20日,来源:中国气象报社,作者:刘晓林)

# 便携式自动气象站时刻保障跳台滑雪

2月20日中午,记者来到了位于跳台比赛场地裁判楼的跳台比赛竞赛部气象处,现场的气象观测员和竞赛部气象主管向记者介绍了气象处的运行情况。

跳台比赛是对天气变化较为敏感的雪上项目,其中风速、气温和雪温都能直接影响运动员在比赛中的表现。针对组委会和各运动队的需求,气象处专门在比赛现场安装了一套便携式自动气象站,为比赛时刻提供气象保障。

气象处的工作人员告诉我们,从开始正式训练,气象处每天都在运动员准备区、裁判楼等处张贴当天比赛场地逐3小时的天气预报。同时,气象观测员会每隔半小时制作一份赛场天气实况专报,其中包括天气情况、风向、平均风速、最大风速、最小风速、相对湿度、气温、雪温8种实况数据。这份气象专报将直接提供给比赛现场的广播、大屏幕、技术负责、记分等部门,为赛场内需要了解天气情况的人员服务,同时,天气实况专报也是裁判员判定运动员成绩是否有效的标准之一。

(2009年2月20日,来源:中国天气网,作者:景阳、高海红)

# 大冬会屡受天气影响
# 一高山速降选手中途退赛

20日,世界大冬会亚布力赛区雪上项目全面打响,不过天公并不作美。19日晚的大雪盖住了雪道,20日白天的大风更是雪上加霜,让当日的赛事屡受影响,斯洛文尼亚选手德贝尔扎克中途退赛。

19日晚亚布力飘雪,20日上午的积雪厚度已经达到10厘米,由于新雪蓬松,20日原计划决出9块金牌的项目都受到了一定影响。尽管压雪车连夜出马平整赛道,但还是没能保证比赛按时进行,受影响最大的项目是跳台滑雪和高山速降两项,因为这两个项目风险较高,对赛道的要求苛刻严谨。赛道基本清理完后,中午时分又骤起大风,原定上午进行的跳台滑雪和高山速降因清理雪道被迫推迟到中午,中午刮起的大风一直持续到下午,风势忽强忽弱,跳台滑雪被迫取消当日比赛,暂定推迟到21日上午。而高山速滑没有被大风"吹跑",在冷风中于下午1点30分开赛。

据气象部门的监测数据,当时风速约为6米/秒,将周围蓬松的雪花吹起,影响到了速降赛道的可见度。女子速降共有25名选手,率先顺利完成比赛,第一个出发的瑞士姑娘沃尔夫顺利夺冠,当时风力相对较小,瑞士人或多或少从中受益。随后的男子项目共有41名选手参赛,比赛整体进展顺利,只有第14位出发的斯洛文尼亚选手德贝尔扎克碰到了麻烦。比赛中途示意要重赛,原因是大风吹起雪花,影响到了他的视线,他不得不中途放弃比赛。当竞赛组经商量同意了德贝尔扎克的重赛要求,允许他重上山顶再赛的时候,他却拒绝了,声明退赛。

"我当时放弃比赛,是因为我担心安全问题。风太大了,我甚至看不到站在雪道边的教练,因为大风吹起了很多雪花,我什么都看不到。"德贝尔扎克显得很无奈,"速降这种项目,安全是首要考虑的问题。虽然现在竞赛组愿意再给我一次机会,但我不想尝试了。"当被问及别的选手对天气反应相对温和时,德贝尔扎克说:"我不知道他们是什么感受,或许他们没有问题,但我是无法适应这种条件。在斯洛文尼亚,没有像样的速降赛道,但其他项目的雪道还不错。"

女子速降冠军沃尔夫赛后表示,在大风中比赛的确很有挑战性,但大家都是在平等的条件下竞赛的,没什么问题,而且对于专业选手来说,这种气候没什么接受不了。

斯洛文尼亚新闻官米基奇对于德贝尔扎克的退赛行为表示理解。"或许是他(德贝尔扎克)考虑到安全问题,他在赛道上,只有他能感受到当时的具体情况。"

(2009年2月20日,来源:新华社,作者:张荣锋、王春雨)

# 大冬会女子跳台个人 K90 决赛因天气原因推迟

2月20日下午,原定下午12时30开始的女子跳台滑雪个人K90决赛因天气原因被迫推迟。

下午12时30分,跳台比赛场测得平均风速1.8米/秒,最大风速4.2米/秒,下午1时许,跳台比赛场天气突变,狂风呼啸而至,现场便携式仪器测得瞬时最大风速超过10米/秒,地面的积雪被狂风吹至赛场内。

此后,风力略有减小。在把赛场简单清理之后,比赛进行了一轮试跳。数分钟后,中国队队员马云珊率先开始第一轮比赛,但起跳后在空中受大风影响失去平衡,未能安全落地。为确保安全,组委会暂停了比赛,暂时将其推迟至3时。据下午2时观测数据显示,极大风速6.5米/秒,平均风速2.8米/秒。

(2009年2月20日,来源:中国天气网,作者:景阳、高海红)

# 大冬会受恶劣天气干扰
# 亚布力赛区再度调整赛程

哈尔滨世界大冬会亚布力赛区继 19 日决定将 3 项高山滑雪决赛提前进行后,20 日再次调整了多个项目的赛程。

亚布力赛区承担了本届世界大冬会雪上项目 7 个大项中的 5 项,它位于哈尔滨以东 200 千米处的高山地区,平均海拔约 1200 米,最高处的大锅盔山顶海拔高达 1347 米。19 日下午开始的一场雪,使亚布力赛区的一些滑雪赛道被浮雪覆盖了近 10 厘米厚。20 上午 9 时 15 分开始,记者转乘 3 条索道,历时 60 多分钟才抵达高山滑雪比赛出发处的大锅盔山顶。沿途细雪飘飘,雪厚雾大,虽处处银装素裹,但能见度仅为 200 米。最低温度达－23℃,凡是露在衣裤鞋帽以外的身体,都有立即冻僵的感觉。在一些风口处,硕大的索道车斗被吹得摇来晃去。

亚布力赛区 20 日开始了金牌大战,来自 33 个国家和地区的 495 名运动员跃跃欲试。亚布力赛区组委会新闻官蔡秀丽 20 日下午接受新华社记者采访时说,虽然赛区当日全面开赛,但由于天气干扰,组委会不得不适时对多个项目的赛程进行必要调整。它们是:跳台滑雪男、女 K90 决赛推迟到 21 日进行,原定 25 日举行的跳台滑雪男子个人 K125 决赛提前到 23 日进行。

19 日,因为天气原因,亚布力赛区组委会已经将原定于 21 日进行的男、女高山滑降决赛提前到 20 日进行,原定 25 日举行的跳台滑雪男子个人 K125 比赛改为 23 日。其中,男、女高山滑降决赛已经于 20 日顺利结束。

蔡秀丽说,天气预报显示,21 日亚布力赛区将"赶上"一场中雪,如果雪量较大,组委会将仍然不得不继续调整赛程。她强调,雪山项目均在野外进行,为了保障比赛顺利进行和运动员人身安全,根据天气变化调整赛程是正常现象,同时也很必要。

(2009 年 2 月 20 日,来源:新华社,作者:曾志坚、张荣锋)

# 自由式滑雪空中技巧项目在完美天气中开练

2月21上午,对气象条件要求甚为苛刻的亚布力空中技巧赛区迎来多日来的好天气,上午9时,自由式滑雪空中技巧项目正式训练拉开帷幕。

记者在训练现场大屏幕看到,当时的天气情况显示为多云,雪温为-8℃,风速为1.4米/秒,据中国教练介绍,这是亚布力多日以来最适宜的天气,各类要素均达到比赛要求,堪称完美。

据哈尔滨市气象台与亚布力临时气象台会商结果显示,21日下午至夜间将有降雪出现,而上午则是总体平稳、风速不大的好天气,因此,空中技巧选择在这个时候开始训练是非常合适的。

亚布力临时气象台工作人员韩涛告诉记者,相对于其他项目,空中技巧对气象条件的要求十分苛刻,竞委会对这个项目的气象需求达到每分钟更新的地步,这是因为运动员在腾空后的高度会达到8~10米,风速一旦超过3米/秒,对运动员在空中的方向和视线都会有很大影响,所以,裁判们需要的是加密后的气象信息。

中午12时,空中技巧项目正式训练结束。截至下午1时30分记者发稿时,亚布力上空云层开始变厚,天气转阴。

(2009年2月21日,来源:中国气象报社,作者:杨梅菊、马旭清)

## 大冬会首次启动气象应急保障车应对多变天气

2月21日,大冬会赛场亚布力临时气象台首次启动应急观测系统,对天气条件和气象要素进行加密观测,以应对多日来的天气多变,为高需求赛事提供针对性气象服务。

(2009年2月21日,来源:中国气象报社,作者:马旭清、杨梅菊)

## 精准预报为赛事抓住好天气

2月21日,亚布力气象台及时为赛事提供精准天气预报,赛事组委会抓住好天气,多项赛事进展顺利。

当天上午,亚布力赛场赛时精细预报显示,该赛场气温回升,最高气温为$-10℃$。当日上午09—12时,赛时阶段的能见度为8千米,风速也仅为1～2米/秒,而午后有降雪天气出现。

(2009年2月21日,来源:中国气象报社,作者:刘晓林、杨梅菊)

# 采访日志:天气很重要

2009年2月18日至2月28日,第24届世界大学生冬季运动会将在我国冰城哈尔滨举行。此次大冬会在规模、参赛人数、项目数量上均创造了历史之最。中国天气网特派出特别报道小组奔赴大冬会现场,为您生动地展示大冬会赛场内外的风云变幻。2月21日,气温较低部分比赛推迟,景阳紧急连线亚布力气象台长,分析近期天气形势。

今天6点半起床,困的不知所措。自从昨天开始正式拍比赛,就已经做好了中午不吃饭白天不喝水的准备,早饭吃的非常多,尽量保证能把一天抗下来。

今天亚布力见到了罕见的晴天,亚布力的天气变化很大也很快,虽然早上阳光很好,但是听说下午要开始下雪,还是对第二天的天气不抱希望。

今天的比赛比较少也比较迟,早上传来了越野赛场因为气温低推迟比赛的消息,在户外感到了较前几天的明显回温,但赛场,尤其是长达数十千米的越野赛场气温还是相当低的,早上8点的实况还在-18℃以下。

采访气象台曹台长(右)

第一站是应急车,气象频道要拍一点素材,随手拍了几张之后就跟华风技术部陈迪同学去玩雪,用脚在雪上踩出了"中国天气网"和自己的名字等字样,再爬到山坡上去照下来。

个人技巧训练是今天的重头戏,来拍的记者也非常多,个个镜头比暖瓶都大,技巧很具观赏性,翻来翻去很有跳水的意思,就是摔下来的时候有些恐怖,也不知道运动员在训练时受过多少折磨。

中午回驻地草草吃了午饭,剩饭剩菜和凉汤,吃了二十分钟,又小睡了五分钟,马上杀奔气象台采访曹台长,针对今天夜间的降雪过程问了几个问题。已经有两项比赛因为天气推迟了,天气在这个时候显得特别重要。

下午没有比赛,整个滑雪场都显得轻松,帮气象台照了全家福,发完稿子已经是4点了,看来今天滑雪的计划又落空了。

(2009年2月21日,来源:中国天气网,作者:景阳)

# 大冬会越野滑雪
# 因气温偏低被推迟一小时

原定于今天上午 9 时 30 分进行的越野滑雪比赛由于气温偏低而被暂时推迟到 10 时 30 分举行。

目前,亚布力赛场天气不错,不过气温比较低,7 时 50 分时的气温仅有 －18.4℃。国际大学生体育联合会规定,越野滑雪比赛在 －20℃ 以下时推迟比赛,－26℃ 以下时停止比赛。但由于亚布力赛场沿途无取暖设备,因而将推迟比赛气温定在 －18℃ 以下。

(2009 年 2 月 21 日,来源:中国天气网,作者:景阳、高海红)

# 天气唱主角　亚布力优质服务赢赞誉

由于天气原因,由 21 日上午调至 20 日上午开赛的男女高山滑降比赛的时间再次调整,记者从亚布力临时气象台获悉,此次比赛时间调整同样是因为天气原因。

据悉,20 日夜间降雪厚度达到了 3~4 厘米,导致高山速降雪道积雪很厚,无法在短时间内清理干净,使比赛无法按原日程进行。竞委会紧急召开会议商议是否更改比赛时间,在会议开始前,竞赛方反复与现场气象服务人员沟通,咨询当日下午气象条件是否有利于比赛进行。亚布力临时气象台的前方服务人员一收到相关信息,便立即和赛区气象台联系,气象台在最短的时间内将近两天的天气预报用电子邮件传至高山滑雪比赛场地。

最后,竞赛方根据气象台提供的天气预报,将比赛时间安排在 20 日下午 1 时 30 分进行。在适宜的气象条件下,比赛准时开始,据气象台提供的数据来看,当时的风速和能见度都达到了比赛的要求,运动员状态良好。

比赛结束后,高山滑雪竞委会技术代表中村实彦再一次来到亚布力气象台,专程感谢亚布力气象台为竞赛提供准确、及时的气象服务,使 20 日的比赛日程得以顺利完成。亚布力气象台台长曹彦表示将继续为大冬会雪上项目提供优质、准确的气象服务。

(2009 年 2 月 21 日,来源:中国气象报社,作者:杨梅菊、高海虹)

# 雪上项目频繁调整
# 左右赛程的大冬会精细气象

第24届世界大冬会雪上项目刚刚开赛两天,组委会就频频调整赛程,人们发现,导致赛程频受干扰的"元凶"始终是一个——天气状况。气象部门如何给组委会提供专业的气象服务?又是怎样对每个赛场进行精细预报的?新华社记者就此采访了气象部门,揭开了本届大冬会精细气象的神秘面纱。

**雪上项目频频调整赛程　　发令时机也要根据气象因素**

早在19日,本届大冬会雪上比赛项目均未展开时,组委会就决定,把原定于在21日才开始的高山速降比赛,提前到20日上午开始。原因是天气预报表明,21日将有中雪,这将严重影响赛事的进行。

可是由于19日晚至20日晨降了一场雪,需要清理赛道,更为重要的是赛场能见度太低,速降比赛又不得不推迟,直到20日13时以后,速降比赛才得以开始。

20日,组委会发布通知,由于赛场风力等原因,原定于当日进行的跳台滑雪女/男K90决赛推迟到21日进行;原定于25日11时举行的跳台滑雪男子个人K125比赛改为23日11时进行。

从赛程的调整原因来看,天气对比赛的重要性不言而喻。跳台滑雪要求风速低于3米每秒;滑雪比赛要求很高的能见度。雪温和雪质是运动员给雪板打蜡的重要参考因素。

据介绍,在跳台滑雪项目上,裁判员连发令时机都要根据温度、风向、风速等气象因素来选择。气象条件成了左右赛程的重要因素。

**所有赛场都有自动气象站　　天气变化尽在掌握**

大冬会对气象服务的要求用"苛刻"两个字来形容绝对不过分,而气象部门又是如何做到准确预报实时监测的?

据大冬会亚布力气象服务中心负责人曹彦介绍,赛前气象部门就在亚布力赛区安装了12个自动气象站,遍布亚布力赛区的山顶和各赛场。

每个造价10万元左右的高科技自动气象站,通过采集器和感应器等设备,将气象要素(风向、风速、温度、湿度、雪温等)处理成数据,再通过无线传输的方式传到亚布力气象服务中心平台,这样气象服务中心就能得到权威而又及时的气象信息。

服务中心再运用编辑程序将自动气象站采集的数据程序转化为大冬会组委会要求的更为直观和通俗易懂的显示画面。

据黑龙江省气象局办公室副主任马旭清介绍,为了给比赛提供高度精细化的气象信息,黑龙江省气象部门和组委会除了在亚布力各赛场布设了12个五要素(风向、风速、温度、湿度、雪温)自动气象站外,还在帽儿山两条雪道及U形槽附近布设了5套五要素自动气象站。同时,设在哈尔滨市内的3个滑冰馆还分别安装了四要素(冰温、温度、湿度、气压)自动气象站,实时对冰上项目场馆内的气象信息进行监测,全面掌握大冬会期间的天气变化。

**比赛项目按需预报　专业服务精细无比**

赛区气象服务中心在得到气象数据后,又是通过什么方式报给组委会的,如何做到各项比赛分类预报的呢?

据介绍,亚布力赛区气象服务中心的气象专家们,每天要和中央气象台、黑龙江省气象台、牡丹江气象局、尚志市气象局和帽儿山气象局进行常规性可视化天气会商,进而进行天气预报。

此外,还要根据要求,比如对比赛有重要影响的可能出现的降雪和大风等情况,进行临时天气会商,及时预报并提供给组委会。

得到会商结果和移动气象站的传输结果后,气象服务中心每天要做两种预报:3日滚动预报和3小时预报。

3日滚动预报,即每天预报当日、第二天、第三天的天气情况;3小时预报,即把一天的预报时间按每3个小时分成一个时间段,专门预报该时间段的天气状况,这是一种精细预报。平日里的天气预报,是12小时预报。

气象服务中心专家每天要参加比赛项目领队会,解答技术代表提出的具体气象问题,为每个专项竞赛委员会随时提供气象素材,为赛程调整提供决策依据。

除此之外,气象服务中心向每个赛场派出现场测报专家,通过接收服务中心数据实时提供现场的风力、风速、气温、湿度、能见度等状况,另外还要按各竞委会的需要,及时监测并提供雪颗粒大小、雪片状或晶状等雪质状况。各赛场的测报专家要按当时天气变化,随时订正预报,为赛程临时调整提供气象决策信息。

(2009年2月21日,来源:新华网,作者:程子龙、李铮、刘景洋)

# 亚布力自动气象站观测未受降雪影响

2月20日,亚布力滑雪场迎来降雪,自动气象站太阳能板上最深积雪达5厘米以上。为使自动气象站能够正常运行,保障气象数据及时、准确、快速传回临时气象台,为大冬会提供可靠的赛场气象实时数据,亚布力临时气象台于20日晚召开紧急会议,成立应急小分队,在21日05时出动除预报人员以外的所有应急保障人员,对亚布力赛区海拔700多米至海拔1300多米的12个自动气象站上积雪进行清理,到目前为止,亚布力自动站数据传输正常,没有影响正常的气象数据传输。

(2009年2月21日,来源:中国气象报社,作者:张玉成、高海虹)

# 越野赛因天气原因被推迟

2月21日,原定于上午9时30分开始的越野滑雪因天气原因被迫推迟至10时30分。

根据亚布力临时气象台台长曹彦介绍,2月20日晚,临时气象台为竞委会提供的预报服务中指出21日清晨气温较低,达-18℃以下,并且在21日早7点实时数据显示,温度达到-19℃。按照国际雪联有关规定,当气温达到-20℃将考虑推迟越野赛,由于亚布力赛场没有野外取暖设备,运动员穿着较少,因此,国际雪联根据亚布力赛场条件,规定赛事在-18℃时将被推迟,因此,竞委会在听取临时气象台提供的决策服务后,将原定的越野赛比赛时间向后推迟1小时进行。

据悉,截止发稿前,自动气象站传回的数据显示,温度已达到-10℃,赛事将在10时30分正常进行。

(2009年2月21日,来源:中国气象报社,作者:赵培伟、高海虹)

# 自由式滑雪个人技巧训练顺利进行

2月21日上午,自由式滑雪个人技巧训练在亚布力滑雪场自由式滑雪场地进行。今天上午亚布力天气晴朗,气温回升,平均风速在3米/秒以下,训练顺利进行。

个人技巧比赛场　　　　训练中的运动员

运动员在训练中

(2009年2月21日,来源:中国天气网,作者:景阳、高海虹)

# 亚布力赛区刮起烟泡
## 赛程再次更改

  内容提要:22日上午,世界大冬会亚布力赛区风力加大,各赛场的风卷起雪形成"烟泡"。据亚布力赛区气象服务中心气象专家王艳秋介绍,22日上午,越野和跳台场地风力较大,能见度也较差,不符合比赛要求。

  22日上午,世界大冬会亚布力赛区风力加大,各赛场的风卷起雪形成"烟泡"。原定于上午举行的北欧两项和跳台比比赛不得不推迟到23日举行。

  22日上午,亚布力赛区新闻中心通知记者,越野场地北欧两项团体3×5千米比赛取消;跳台场地北欧两项团体K90比赛取消;跳台场地男子团体K90比赛取消。

  据亚布力赛区竞赛总负责人厉德东介绍,由于赛场风力较大,竞赛仲裁委员会决定,原定于22日上午举行的以上比赛推迟到23日举行。

  据亚布力赛区气象服务中心气象专家王艳秋介绍,22日上午,越野和跳台场地风力较大,能见度也较差,不符合比赛要求。

  根据比赛有关要求,跳台比赛时风速不能大于3米/秒,越野比赛对能见度也有一定要求。

(2009年2月23日,来源:大庆网,作者:程子龙、王松)

## 精准预报天变脸 直升飞机应急忙

2月22日,专业承担大冬会亚布力赛区应急抢救任务的直升机在白雪覆盖的亚布力山门广场待命。

亚布力冬季区域性"小气候"让天空时风时雪,天气复杂多变。亚布力临时气象台发布的精细化预报显得尤为重要。每次高影响天气过程前后,应急直升机都会按指令起飞对整个赛区进行巡视。

(2009年2月23日,来源:中国气象报社,作者:刘晓林、马旭清)

# 自由式滑雪女子个人技巧如期举行

2月22日上午,大冬会个人技巧比赛在亚布力自由式滑雪场地进行。今天上午亚布力的大风给运动员带来了不小的麻烦。

上午11时,记者在个人技巧比赛现场测得的瞬时风速一度超过10米/秒。比赛虽按时进行,但赛场内不时刮起的大风极大的影响了运动员的发挥,运动员被风影响失去平衡落地摔跤的情况屡屡发生。由于赛场的风力时大时小,裁判不得不选择风力较小的时段进行比赛,原本预计25分钟结束的比赛进行了90分钟。

获得冠军的选手李妮娜表示,今天的比赛中风力影响非常大,主要体现在起跳时加速和落地方面,由于风力较大,大大影响了运动员起跳时的速度,腾空高度不够,动作完成质量低。另一方面,狂风使运动员在落地时很难保持平衡,所以摔跤的情况时有发生。

另外,亚布力今天恶劣的天气导致其他比赛全部推迟,仅有个人技巧比赛如期举行。

自由式滑雪中国选手

自由式滑雪前三名

(2009年2月23日,来源:中国天气网)

# 采访日志：赛场天气变化多端

2009年2月18日至2月28日，第24届世界大学生冬季运动会将在我国冰城哈尔滨举行。此次大冬会在规模、参赛人数、项目数量上均创造了历史之最。中国天气网特派出特别报道小组奔赴大冬会现场，为您生动地展示大冬会赛场内外的风云变幻。2月22日，亚布力风很大，除了个人技巧，所有的比赛都推迟了，尽管天气恶劣，景阳还是坚持拍摄，传回珍贵的素材。

亚布力刮起了大风，除了个人技巧，所有的比赛都推迟了，我们不禁感叹雪上项目对天气的敏感和亚布力天气的变化多端。

最近几天的大风，已经使多项比赛推迟，气象台也成了各项目组委会关注的焦点，每天都有好多老外在气象台进进出出。

只剩一个项目照常进行，没的选择，风非常大，因为要拿相机，手套是戴不了的，裤子不透气，里面永远是湿的，但又不能穿单层的，被风一吹就透。

工作人员清理积雪

个人技巧的记者区条件比较差，积雪大概有半米多厚，需要把地上踩出两个雪窝子才能站住，因为积雪是一层一层叠起来的，一脚深一脚浅，下脚的时候不知道脚下多少是实地。摄影稍微好些，扛摄像机的就苦了，又要扛着机器，又要保证脚下稳妥，华风摄像张冬同学出现了一次险情，摔了一身雪，手指头也扭伤了。

大风对比赛的影响颇大,试跳的时候运动员摔了不少,裁判只能一直盯着实况,风小的时候才发令,原本25分钟的比赛进行了一个半小时。白俄罗斯运动员第二跳摔的不轻,直接送上了救护车。

站的位置不错,直接跟冠亚军聊了几句,她们对大风也特别不爽,都是年轻小姑娘,从事的项目危险性不小,真的挺不容易。

下午传完素材,去试了试滑雪,比滑冰难多了,摔了好几回,最后不得不坐在雪板上一路下山,坐着滑倒是非常有感觉,就是不会操控方向,一般以直冲进雪堆告终。

(2009年2月23日,来源:中国天气网,作者:景阳)

## 赛场气象站服务赛事

21日一大早,在越野滑雪赛场气象站上,气象信息又一次成为了主角,气象站的工作人员车恩生对运动员和裁判提出的天气问题逐一进行了耐心解答,"07时,瞬时风速6.2米/秒,极大风速5米/秒,最高气温—19.3℃",根据这些关键的实况数据和预报,越野比赛竞委会将原定9:30举行的男子/女子F短距离预赛推迟到10:30举行。这些出色的服务对比赛起到了关键作用,越野滑雪赛场气象站除了为比赛提供3小时天气预报,未来天气预报,赛时每半小时实况以外,还根据天气变化和比赛需求增加了每10分钟一次的加密预报,这些丰富、及时、准确的气象服务产品满足了越野比赛对气象服务的需求,并得到了竞委会和裁判组的高度赞扬。

2月21日上午,为了更好的为亚布力气象台观测服务,为视频素材网络顺利传输。黑龙江气象应急指挥车在大冬会亚布力赛场启动应急观测及传输系统,并投入使用风廓线雷达。上午10点,亚布力气象台通过可视化会商系统天气会商,预报21日夜间有一次降雪过程,风力加大,为了准确预报,及时服务大冬会,紧急启动了应急观测预案,启动应急车和风廓线雷达,进行加密观测高空梯度风,为中小尺度预报服务。10点半,在哈忙碌了几天的省气象影视中心的王祝先,刚刚在亚布力火车站下车,行李也没有放下,不顾疲惫的和信息中心的李凯、孟繁胜及省大气象探测技术保障中心的赵忠凯、韩宏亮等人一起,迅速调试,仅经过

王祝先在调试应急车服务系统

大冬会气象影视报道小组
关国平正冒着严寒拍摄

短短不到一个小时,车载卫星通信系统与亚洲Ⅱ号卫星成功对接;亚布力四要素自动气象站数据成功传入应急指挥系统。同时也与国家气象信息中心、黑龙江省气象影视宣传中心、黑龙江省气象信息中心FTP服务器成功对接,气象影视中心拍摄的33兆的视频资料在短短25分钟内就传输至服务器上。亚布力应急指挥系统将做为亚布力、临时气象台的备份气象台,在发生特殊情况下,担当气象要素收集、数据传输的气象保障重任,应急车和风廓线雷达今天将工作一整夜,以更好的应用于大冬会气象预报及数据传输服务。

曹彦与高山滑雪教练Steven进行沟通

由于曹彦台长能够用英语口语直接进行准确、直接的气象服务交流。近来,很多大冬会的国际友人,经常来到亚布力气象台进行询问和沟通,亚布力高山滑雪比赛英国队教练Lee Steven,今天下午专程来到亚布力气象台,了解明日天气情况,曹彦作为亚布力气象台台长兼翻译,和国际友人进行了沟通,Steven对比赛期间的精益求精做好气象服务保障工作非常满意,这些优质的气象服务和高素质的气象保障队伍人才,在大冬会国际赛事上充分展示中国气象人的风采,展现中国气象人为国际大型赛事的服务保障能力和水平。

亚布力气象台在大冬会进行气象服务工作以来,一直在为各竞委会领队会议的PPT幻灯片上专门制作了画面简洁、清晰明了的天气内容画面。在今天自由式滑雪空中技巧、跳台滑雪、北欧两项的领队会上。天气部分的内容再一次在领队会上成为亮点和重点。亚布力气象台在为大冬会服务充满信心的同时工作也更加细心,攻艰克难,全力做好大冬会天气实况监测和数据传输保障工作,要更加细心地分析可能出现的一切问题,做好气象保障服务。

亚布力气象台为竞委会领队会议专门制作的天气部分的 PPT 图片

（2009 年 2 月 23 日，来源：中国天气网，作者：高海虹）

# 亚布力气象台与国际先进气象平台交流

2月23日上午,亚布力气象台的预报人员应跳台滑雪、北欧两项比赛技术代表乔·拉姆之邀,到跳台滑雪赛场,了解和感受国际先进跳台风力观测和保障系统。

精细化的气象服务是专门为跳台滑雪运动设计的,这套先进的风力观测设备和跳台赛道扰流计算显示系统:Wind measurement for ski Jumping Graphic presentation,在跳台雪道上的不同位置设置了风向和风速的传感器,可以实时回传每秒的风向风速变化,计算出雪道上空气扰流的微小变化,选择合适的起跳时机,并保证运动员的安全,帮助运动员取得好成绩。

亚布力气象台与国际先进
气象平台交流

精细化的气象服务是专门为跳台
滑雪运动设计的

通过在这次国际赛事中和外国专家的交流,曹彦台长有着深切感触,目前我们的气象服务水平还需要提高,还需要学习国际先进天气服务,在体育比赛中不仅做出准确的天气预报,更要通过对各种体育活动的了解,做出更加精细化的服务,这也是我们未来气象服务的方向。

亚布力气象台通过这次大冬会气象保障服务,不仅仅是展现了气象人的风采,而且也通过这次比赛,学习交流到了国际先进气象科技,为今后提高体育比赛的专业气象服务水平打下了基础,为今后申办冬奥会和其他大型赛事提供更好的气象保障服务。

(2009年2月23日,来源:中国天气网,
作者:曹彦、李景阳、高海虹、关国平、林依帆)

# 亚布力气象台与中央气象台等联合会商

为确保大冬会气象服务,2月23日早晨8点,亚布力气象台、中央气象台、黑龙江省气象台、国家气候中心、北京区域中心气象台进行了联合会商。

为了这次会商,亚布力气象台精心制作了PPT幻灯片,回顾了亚布力近来的天气情况,并对亚布力气象台的气象服务工作进行了小结,同时对今天的气象条件进行了分析。中央气象台对亚布力气象台进行了关注和指导。本次会商进一步确保了大冬会气象服务工作。

今天亚布力赛区以晴好天气为主,风力不大,气温适宜,对各项比赛都没有不利影响,同时,受高空冷槽影响明天到夜间赛区将有一次小雪过程,降雪期间风力不大,气温正常,适宜比赛。但24日夜间随着降雪结束,风力将逐渐加大,预计25日白天风力可能对跳台滑雪决赛造成影响。

在应急指挥车上与省气象台也进行了会商。

(2009年2月23日,来源:中国天气网,作者:景阳、高海虹)

# 采访日志：天晴风小

2009年2月18日至2月28日，第24届世界大学生冬季运动会将在我国冰城哈尔滨举行。此次大冬会在规模、参赛人数、项目数量上均创造了历史之最。中国天气网特派出特别报道小组奔赴大冬会现场，为您生动地展示大冬会赛场内外的风云变幻。2月23日，亚布力天晴风小，因此赛程也很紧密，不仅观赏了跳台滑雪，还坐了"大奔"。

今天的赛程紧密，但行程却无法紧密，所有的赛事时段集中在一起，分身乏术，只能选择一项赛事进行报道。想来想去，还是跳台的效果最好，因为今天是跳台K125级别在中国首次亮相，同时也是亚布力K125跳台首次启用。

虽然是晴朗小风的天气，但气温仍然非常低，拿着相机，不能戴手套，手指早已被冻的没了知觉。从终点到裁判楼，再爬到教练席，然后再到跳台旁边，没有第二个记者拍了如此多的角度，也没有如此近的角度，因为我的爬上爬下过程里没有看到第二个记者。

角度虽多，但片子效果没有K90时的好，一方面因为跳台后方背景上面的大吊车，另外一方面也是自己的技术不够完善，预想的效果总是出不来。第三方面，就是怕死，跳台侧面太滑太险，虽然是上去了，但还是不够胆大。

今天跳台比赛挺漂亮，天气也还不错，采访了一个中国队队员，说了好多气象之外的话题，感觉雪上项目在中国还是没有群众基础，没有人看。

下午没有比赛，几个人相约去滑雪，延续了前一天的坐式滑雪，美其名曰"坐大奔"，速度超快超high，比一般的滑雪要快得多得多，就是最后眼镜摔坏了，嘴也摔肿了。

（2009年2月24日，来源：中国天气网，作者：景阳）

# 降雪没有影响女子大回转比赛

2月24日上午,女子大回转比赛在亚布力二锅盔滑雪场举行。上午,亚布力飘起了雪花且有加大的趋势,截至记者发稿时,降雪对比赛暂无影响。

  运动员在起点准备     中国队孙玲玲

上午9时,记者来到了位于二锅盔山的女子大回转比赛起点,山上已飘起了雪花,而位于山下落差数百米的终点处还是多云天气。

在坡度接近40度的女子大回转起点,记者了解到,从早晨开始,起点处就开始了降雪且一直持续,并且有加大的趋势,降雪使赛道的能见度降低不少,从起点处向下看去,赛道上是一片雪雾。

正在训练的中国队队员孙玲玲告诉记者,持续的降雪会降低赛道上的能见度,使运动员无法准确判断赛道上的路况。

11时许,在大回转终点处,记者看到,天空中已经飘起了零星雪花,但赛道的能见度较高。截至记者发稿时,还未得到因降雪影响比赛正常进行的消息。

(2009年2月24日,来源:中国天气网)

# 亚布力风力适宜　自由式滑雪期待佳绩

2月24日,亚布力再次迎来自由式滑雪女子空中技巧的团体赛。受高空冷槽影响,哈尔滨市气象台预计亚布力滑雪场24日可能会有一次小雪过程,风力不大,气温正常,白天的最高气温在－11℃左右,适宜比赛。

22日自由式滑雪女子空中技巧比赛

近几天,大风不断阻挡着亚布力的比赛。的确,对于自由式滑雪来说,大风对运动员完成比赛是一种极大的考验。风对比赛的影响,主要体现在运动员起跳时的加速和落地方面。风力较大,会大大影响运动员起跳时的速度,导致腾空高度不够,动作完成质量低。运动员在腾空后的高度会达到8～10米,风速一旦超过3米/秒,对运动员在空中的方向和视线都会有很大影响。另一方面,狂风还会使运动员们在落地时很难保持平衡,所以摔跤的情况时有发生。

为了满足空中技巧项目对气象的需求,亚布力临时气象台在赛道旁加设了便携气象自动站,在裁判席竞赛主管旁安装了自动站实时接收设备,在比赛期间提供每分钟更新1次的实时监测气象数据。

22日的自由式滑雪个人赛中,中国队包揽了前三名的好成绩,接下来的比赛"雪上公主"们表现如何,让我们拭目以待吧!

(2009年2月24日,来源:中国天气网)

# 亚布力气象台精心制作
# "温馨返程天气预报"

2月24日一大早,亚布力赛场比赛项目结束的运动员和裁判员意外地收到了一份来自亚布力临时气象台的"特别礼物"——"温馨返程天气预报",这是亚布力临时气象台"人性化、全方位、针对性"气象服务的具体体现,气象人员为了这份特殊的礼物忙碌了几乎一整夜。

这份"温馨返程天气预报"涵盖了从亚布力离开之后,到哈尔滨或其他国内主要城市转机的天气预报内容,主要分为三类,一是从亚布力到哈尔滨段公路沿线天气预报;二是国内北京、上海、广州等主要城市24日、25日的天气预报;三是多伦多、法兰克福等国外14个主要城市25日、26日的天气预报。

据悉,24日,亚布力赛区的自由式滑雪项目已经结束,运动员和裁判员已准备陆续离开,虽然组委会并没有提出提供返程天气预报的相关要求,但这套中英文两种语言的温馨返程预报却是他们临行时最需要的。

(2009年2月24日,来源:中国气象报社,
作者:高海虹、袁长焕、王世彤、马旭清)

# 亚布力赛场气温下降　滑雪切忌保暖

第24届世界大学生冬季运动会的赛程已进行了一大半,今天(24日)亚布力滑雪场的比赛和训练仍在继续。受高空冷槽影响,哈尔滨市气象台预计亚布力滑雪场24日可能会有一次小雪过程,风力不大,气温较昨天有所下降,白天的最高气温在-11℃左右,提醒雪场的朋友注意保暖。

亚布力滑雪场训练的运动员

大冬会运动员在训练中

长时间在零下温度的室外滑雪,是很容易发生冻伤的,尤其是手、脚、耳朵等部位。所以运动员们为了防止冻伤,雪服里面一般都选用保温效果较好的羊绒制品或化纤制品对上述部位进行保温。而丝普材料制成的内衣也是非常好的选择,内层有一层单向芯吸效应的化纤材料,本身不吸水,外层是棉制品,效果非常好;或是将一件带网眼的尼龙背心贴身穿,然后在外面套上一件弹力棉背心。切记里面最好不穿棉制品。

　　滑雪过程中最好的调节方式就是每隔 15～30 分钟休息一下,擦干汗水,解开雪鞋,让脚部血液流通,以避免冻疮出现。

(2009 年 2 月 24 日,来源:中国天气网)

# 自由式滑雪赛场自动气象站谢幕大冬会

2月24日,大冬会进入第六天,亚布力自由式滑雪赛场迎来最为关键的收官之战。今天,自由式滑雪赛场将结束全部赛程,向全世界完美谢幕,同时,这也标志着自由式滑雪赛场气象站将画上气象服务的完美句号。

"早晨,天空多云、云量增加,未来12小时内,受冷槽和地面低压倒槽影响,天气多云有阵雪、气温适宜、风力不大。"亚布力临时气象台的工作人员将这个预报结论交付到竞委会手中,这是所有的气象人交给自由式滑雪赛场的最后一份答卷,也是自由式滑雪赛场自动气象站在这个搭建了四年的舞台上的谢幕演出。

(2009年2月24日,来源:中国气象报社,作者:赵培伟、高海虹)

# 站好最后一班岗
# 自由式滑雪赛场气象站完美谢幕

2月24一大早,亚布力气象台的王艳秋背着沉甸甸的双肩包出发了,今天是自由式滑雪赛场气象站工作的最后一天,她要站好后一班岗。自由式滑雪空中技巧混合团体比赛在11:30举行,她要在24日提供准确的气象服务,为比赛决策画上一个完美的句号。

空中技巧比赛场地工作人员正在张贴气象信息

空中技巧赛场地维护自动站

"早晨,天空多云,云量增加,未来12小时内,受冷槽和地面低压倒槽影响,天气多云有阵雪,气温适宜,风力不大。",王艳秋和亚布力台的工作人员一起,将这个预报结论交付了翘首等待的竞委会手中,因为在对于自由式滑雪来说中对比赛影响最大的无疑就是风,它会影响到运动员比赛的成绩,对运动员的安全也至关重要。

今天,天气会有利于自由式滑雪比赛的进行,气象台将和自由式滑雪比赛一起,完美谢幕。

(2009年2月24日,来源:中国天气网,作者:景阳、高海虹)

# 亚布力天晴风大
# 雪上项目赛程进行调整

现在位于亚布力滑雪场。亚布力今天虽天晴但风大,原定于上午举行的跳台 K90 比赛被推迟。

据前方记者说,8 时左右,跳台 K90 的实况温度为 $-14.5℃$,风速为 10.1 米/秒,远远超过了比赛规定的风速,因此赛事将推迟比赛,具体时间尚未确定。截至记者发稿时,越野比赛和男子大回转经历了短暂的"风波"后,决定比赛将正常进行。

根据亚布力气象台预计,今天白天 11 时到 17 时之间高山赛场风力会降到允许比赛的范围内,14 时前后可能减到最小。

13 时 40 分左右,风力减小较为明显。据 13 时 55 分的观测结果,气温为 $-11.8℃$,最大风速 1.4 米/秒。跳台赛场风速已降至 3 米/秒以下,是适宜比赛的风力,试跳员完成试跳,比赛顺利进行。

滑雪是对天气变化较为敏感的室外项目,其中风速、气温和雪温都能直接影响运动员在比赛中的表现。一般来说,迎风、风速在 3 米/秒以下是适宜滑雪比赛的天气。针对组委会和各运动队的需求,气象处专门在各比赛现场安装了一套便携式自动气象站,为比赛时刻提供气象保障。尤其是跳台滑雪项目,裁判员连发令时机都要根据温度、风向、风速等气象因素来选择。气象条件成了左右赛程的重要因素。

(2009 年 2 月 25 日,来源:中国天气网,作者:景阳)

## 北欧两项技术代表乔·拉姆与亚布力临时气象台工作人员依依惜别

对于北欧两项技术代表乔·拉姆来说,2月24日是他在亚布力停留的最后一天。在亚布力赛区的日日夜夜里,亚布力临时气象台细致入微、处处为比赛着想的气象预报服务给他留下了深刻的印象,他也同气象台的工作人员建立了深厚感情。

2月18日,跳台滑雪比赛开始的第一天,乔·拉姆向气象保障服务人员了解天气变化,并提出跳台比赛对气象条件、尤其是风的具体要求,气象保障服务人员立即向他提供了精细化预报和实时加密气象监测资料等信息,他非常满意,并对气象服务保障工作叹服。

2月22日,亚布力赛场出现了大风天气,跳台比赛受到影响,乔·拉姆和大体联技术委员会主席罗格·罗斯、北欧两项技术委员会主席、跳台滑雪竞委会主席保罗·甘赞呼贝尔专程来到亚布力临时气象台,在了解了详细的天气变化情况后,对北欧两项跳台比赛的日程进行了重新安排。此后的几天里,乔·拉姆每天早晨总是先来到气象台了解最新的天气情况,还经常邀请气象台台长曹彦和其他预报人员到跳台滑雪赛场进行天气与比赛的交流,使亚布力气象台进一步明确了这项比赛对气象条件的需求,并按照比赛要求,不断调整气象服务预案。

2月23日上午,亚布力临时气象台的预报人员应乔·拉姆之邀,到跳台滑雪赛场了解和感受国际先进跳台风力观测和保障系统。

乔·拉姆准备返程了,他和亚布力临时气象台的工作人员离别依依,并为气象台的工作人员签名,与工作人员合影留念。乔·拉姆对亚布力临时气象台的工作给予了高度的赞誉,对亚布力气象台为大冬会提供全方位、细致周到的气象服务表示欣赏,那些在气象台里融洽的交流、共同关注天气的日夜、无数难忘的时刻,会为乔拉姆及亚布力气象台的每个人留下隽永的回忆。

(2009年2月25日,来源:中国气象报社,作者:马旭清、杨梅菊、曹彦、高海虹)

# 亚布力降雪停止　雪上项目尽显风采

从大冬会赛程的调整原因来看,天气对比赛的重要性不言而喻。今天(25日)亚布力还将迎来部分雪上项目的比赛。哈尔滨市气象台预计,亚布力滑雪场25日降雪会停止,天气以晴为主,白天的最高气温在-8℃左右,但风力将逐渐加大,可能会对比赛造成影响。

滑雪是对天气变化较为敏感的室外项目,其中风速、气温和雪温都能直接影响运动员在比赛中的表现。一般来说,迎风、风速在3米/秒以下是适宜滑雪比赛的天气。针对组委会和各运动队的需求,气象处专门在各比赛现场安装了一套便携式自动气象站,为比赛时刻提供气象保障。尤其是跳台滑雪项目,裁判员连发令时机都要根据温度、风向、风速等气象因素来选择。气象条件成了左右赛程的重要因素。

此外,运动员通常会根据雪温的高低,来决定滑雪比赛中使用何种雪蜡。雪蜡涂抹在滑雪板底部,对运动员的滑行起到减小摩擦的作用。根据不同的雪温,雪蜡主要分低温蜡、面蜡和高温蜡几种。

(2009年2月25日,来源:中国天气网)

# 准确预报挽救大冬会雪上项目

2月24日,虽然亚布力雪上项目赛事已经接近尾声,但亚布力气象台却格外忙碌,几个竞委会的官员亲自来到气象台,为预报结论而焦急的等待。如果当天的大风时段无法准确预计,那么当天进行的越野、跳台和大回转3项比赛将面临直接取消的危险。

应急指挥车上天气会商

冒着严寒调试气象应急指挥车

亚布力地形复杂,天气情况多变,时间每过一分,天气变化就增加一分不可预测性。

2月24日夜间开始,亚布力赛区雪后出现大风天气。

2月25日06:48,高山滑雪起点的最大风速达到19米/秒,缆车停运,无法运送上山参加比赛的运动员和裁判员,由于今天要进行男女大回转决赛,按当时气象条件,原定于9点半开始的比赛将会被迫停止。

2月25日08:30,高山竞委会技术代表中村实彦、竞赛主管崔英波来到亚布力气象台,了解详细情况,非常希望在9点前拿出最终预报结论,以便在9点钟紧急召开的竞委会技术代表会议上决定今天能否进行比赛。

时间非常紧迫,亚布力临时气象台立即紧急会商,通过对欧洲中心、T639等数值预报产品和自动站实时监测资料进行综合对比分析,得出结论:今天白天11—17时将会有一段风力减弱的时段,缆车可以运行,运送运动员上山比赛。如果不抓紧有利时机在今天安排比赛,将会影响明后天的比赛顺利完成。

2月25日09:00,亚布力临时气象台台长曹彦冷静分析后,迅速作出预报结论,和预报员一起到高山滑雪竞委会向技术代表和竞赛主管介绍了这一情况。高山滑雪竞委会在研究后立即竞赛决策,全体运动员和裁判上山做好比赛准备。

2月25日10:00,天气充分验证了亚布力气象台的结论:风力减弱,缆车重新开动,各项准备工作紧张有序的开始进行。

2月24日12:00,跳台赛场风力减小,试跳员试跳成功,比赛顺利进行。

2月25日12:15,比赛如期进行。

短短的几个小时之内,复杂多变的天气给亚布力气象台带来巨大考验,亚布力气象台冷静应对复杂天气,提供了一份准确的预报信息,充分体现了气象保障服务的水平。

(2009年2月26日,来源:中国天气网)

# 采访日志:风波再起

2009年2月18日至2月28日,第24届世界大学生冬季运动会将在我国冰城哈尔滨举行。此次大冬会在规模、参赛人数、项目数量上均创造了历史之最。中国天气网特派出特别报道小组奔赴大冬会现场,为您生动地展示大冬会赛场内外的风云变幻。2月25日,亚布力风很大,雪上项目都推迟了,尽管天气恶劣,景阳还是坚持拍摄,传回珍贵的素材。

日志图片

今天起来,还是有些疲劳,这两天晚上都睡的晚,要整理的东西太多。

上午本来想驻扎在气象台的,因为风太大,几个项目都非常紧张,如果继续延迟比赛,项目很可能面临取消,跳台已确定延迟,越野、大回转的赛场风力持续偏大,竞委会的官员在气象台进进出出,一时间,所有的压力都到了气象台。随后是紧张的分析和讨论,得出11时到17时各赛场风力减小的结论。9点左右,各个赛场的风力出现了明显减小的迹象,越野赛场甚至已经到达完全适合比赛的风力条件。紧接着,高山赛场做出了大回转比赛在12时左右进行比赛的决定。下午,跳台赛场风力减小,比赛顺利进行!

赛场喜讯不断,气象台的工作人员忙活了一天,因为27日准备撤离,同时要保障中午延时进行的大回转比赛,气象台的工作人员今天要数次登山,拆装山上的自动气象站,在位于大锅盔山鞍部的气象站,积雪已经齐腰,工作人员只能用手扒开积雪维护仪器。山上的风力在八级左右,气温接近-20℃,亚布力气象台的高山热身赛事如期举行。这是由于山上风寒刺骨,气象台的工作人员几次上山之后想出来的办法——摔跤。

下午的两个自动站,因为穿的单薄,没有跟着上去,但从大家发回的照片上,看到了他们在接近60度的陡坡上滑行的场面。惊叹之余,也为气象台工作人员的敬业所感动。

(2009年2月26日,来源:中国天气网,作者:景阳)

## 亚布力天气晴好　适宜越野滑雪的进行

原定于28日进行的越野滑雪女子15千米传统式集体出发项目提前到27日进行。哈尔滨市气象台预计,亚布力滑雪场27日天气以晴为主,白天的气温在-5℃左右,适宜活动的进行。

本届大冬会因天气变化曾多次调整赛事,而此次调整赛程并不是因为天气,而是应各个参赛代表团的要求做出的决定,原因是许多国外代表团要求28日尽早返回哈尔滨参加闭幕式。按照赛程,越野滑雪女子15千米传统式集体出发是28日安排的唯一一项比赛,因此,这就意味着亚布力分赛区的比赛将提前一天结束。

相关报道:

越野滑雪是以滑雪板和滑雪杖为工具,在丘陵起伏的山地沿规定线路滑行的一种雪上比赛项目。这是一项古老的运动,最早流传于斯堪的纳维亚半岛,也是人类最早使用器具进行运动的形式之一。

越野滑雪比赛涉及到两种技术规则:传统技术和自由技术。传统技术包括交替滑行、双杖推撑滑行、无滑行阶段的八字踏步、滑降以及转弯技术。不允许有双脚或单脚的蹬冰动作。

(2009年2月27日,来源:中国天气网)

# 精准预报确保大冬会项目决赛顺利进行

自24日下午开始,亚布力赛区雪后出现大风天气,一直持续到夜间。由于高山大回转决赛原定于次日上午9点半举行,当天,竞委会的官员纷纷来到亚布力临时气象台了解次日天气,特别是大风天气何时能够结束。该项比赛若不能如期完成,本届大冬会的最后两天将无法安排,只能非常遗憾地取消该项比赛。亚布力临时气象台的预报员通过分析各种数值预报产品,得出了25日下午风力可能减小的预报结论。

25日早6时,高山滑雪起点的最大风速达到19米/秒,缆车停运,无法运送上山参加比赛的运动员和裁判员。8时30分,高山竞委会技术代表中村实彦、竞赛主管崔英波再次来到亚布力临时气象台,详细了解天气情况,9时紧急召开的竞委会技术代表会议将决定是否继续举行比赛。

亚布力临时气象台预报员们认真分析各种数值预报产品,并立即通过可视化会商系统,同省、市气象台进行紧急会商,同时结合赛场地区自动气象站监测的实时气象资料得出结论:25日白天11至17时将会有一段风力减弱的时段。如果不抓住这段非常宝贵的时间安排比赛,随后风速将会再次加大,比赛将彻底无法举行。据此,正在召开的竞委会立即作出决定,比赛于当日中午开始进行。

从10时30分开始,通过赛区的自动气象站监测的数据显示,风速开始减小,11时风速减小到可以使缆车正常运行,运送人员上山。12时15分,高山滑雪男女大回转决赛开始进行,并于16时顺利结束。

25日晚,高山竞委会技术代表中村实彦又一次来到亚布力临时气象台,向预报员表示感谢。

(2009年2月27日,来源:中国气象报社,作者:马旭清、杨梅菊、曹彦、高海虹)

## 帽儿山赛区气象保障

# 帽儿山临时气象台提前一天进入实战

大冬会举办期间,所有滑雪项目都将在亚布力与帽儿山举行,其中,帽儿山因其三面环山的特殊地势,在同样气象条件下要面对"特殊"压力。2月17日,中国气象报记者杨梅菊、通讯员赵培伟就气象服务准备工作采访了帽儿山临时气象台台长孙硐石。

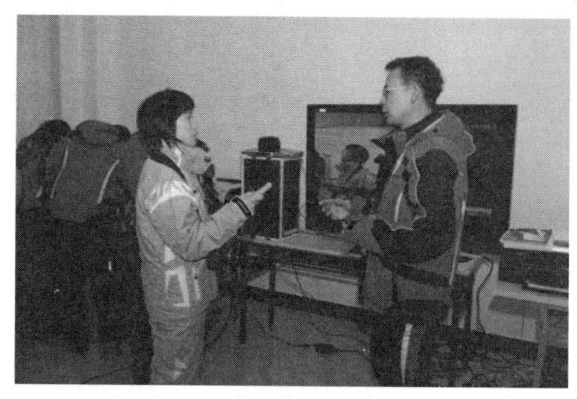

记者采访帽儿山临时气象台台长孙硐石现场

**记者**:您好,孙台长,首先请您介绍一下最近帽儿山临时气象台的具体工作?

**孙硐石**:自我们临时气象台进驻帽儿山以来,共建设了5个临时气象自动站,并对全部自动站仪器进行了调试,另外,与每个单项的竞赛组负责人取得了联系,按照他们提出的具体要求,制定了我们的业务工作流程,并开始向大会提供未来7天的天气预报,从2月17日开始,为竞委会提供未来3小时的临近预报和赛场实况。此项气象服务的开始,标志着我们已经进入了正常的比赛程序。

**记者**:今天的设备调试是最后一次调试吗?

**孙硐石**:是的,是最后一次调试。从目前的各自动站传回的数据显示看,工作进展比较理想,设备运行正常。

**记者**:这几天进驻帽儿山的各代表团的赛前训练是否受到了风向、

风速等气象条件的影响而暂停？

**孙砳石**：我们可以看到帽儿山的赛场条件比较特殊，赛场三面环山，只有在西风强度较大的天气条件下，对训练或比赛才影响较大，会有可能暂停训练或比赛。而今天的风向稍微偏西，但是在赛场内的风力较小，特别是近地面区域，在赛道的西侧均有比较密集的林带，对减小风力、风速效果较好，因此，帽儿山赛场还可以继续训练，并没有受到影响。我们在服务的过程中，对地形、地貌都做了比较细致的了解和调查，对附近的山上、山下均做了比较细致的实地勘察。

**记者**：今天是开赛前的最后一天，我们对具体工作是如何安排的？

**孙砳石**：目前，冬季两项和单板项目已经正式开始适应场地训练，因此，虽然大冬会的开幕式还没有开始，但是我们的工作已经进入正常程序。

**记者**：帽儿山赛场的临时气象台站是针对各不同项目进行各个技术指标的测试吗？

**孙砳石**：是的。

**记者**：帽儿山赛场临时气象台有多少人员，都负责哪些工作？

**孙砳石**：帽儿山赛场的赛程安排有两个大项，分别是冬季两项和单板，每个大项目又分为四个小项，在每个项目开始后，我们将派两名现场气象服务人员从头至尾对赛事进行跟踪服务。

**记者**：赛事的现场气象服务人员主要负责哪些工作？

**孙砳石**：赛事的现场气象服务人员将对温度、风向、风速、雪温、雪质等进行现场实况观测；每日两次提供预报，时间分别是在每天早8时前和14时前，早8时除了要提供未来一天的天气预报外还要提供9:00—12:00和12:00—15:00赛道上的3小时预报。

**记者**：冬季两项和单板是否有受气象条件影响的技术指标？

**孙砳石**：冬季两项属于高速度比赛，运动员服装穿着较少，加之在高速运动中人体体表温度相对外部温度低很多，因此，该比赛项目对温度的要求较高，在$-18℃$就将停止比赛。另外，由于冬季两项比赛过程中有射击项目，因此，在风速大于10米/秒的情况下，冬季两项也将停止比赛，而且在此类天气条件下，遇到逆风上坡的状况，几乎没有运动速度，因此也无法判断比赛结束时间。

单板的空中技巧对风的要求也比较严格，当风速达到3米/秒以上时，就要考虑风向的影响过程，在此类气象条件下，单板项目的高难度动作就难以较好完成，运动员的成绩将受到较大影响。

**记者**：帽儿山赛场的现场裁判也是"看天发令"吗？

**孙砳石**：我们并没有"看天发令"的要求，但是裁判对实况的要求是比较严格的。

**记者**：临时气象台站也是随时向裁判传实时气象数据吗？

**孙砳石**：竞委会及裁判组对我们提出的要求是在赛前半小时提供一次实况，在比赛开始时提供一次，开赛半小时提供一次，在比赛结束时提供一次，因此在一个项目的单向赛程中我们要提供四次天气实况信息。

**记者**：我们每天都要开领队会吗？

**孙砳石**：领队会的召开是按照赛程的安排，并且我们每次都要派人参加，而且在领队会上，我们要发布第二天的天气预报，如果一旦气象要素不符合比赛要求，竞委会将考虑暂停比赛。

**记者**：您认为在比赛中会有这种情况出现吗？

**孙砳石**：从目前我们所作的未来七天的天气预报来看，在赛程的初期还不会出现直接颠覆比赛的天气状况。

(2009年2月18日，来源：中国气象报社)

# 帽儿山 20 日天气较好　雪上项目开战

经过多日"热身",本次大冬会的雪上项目今日(20日)终于逐一开战。像是跳台滑雪、北欧两项、自由式滑雪等项目。其中,单板滑雪的男女争霸赛预赛将在帽儿山滑雪场展开对决,单板滑雪是我国一个新的优势项目,尤其是男子选手曾小烨曾经获得全国冠军,具有较强的实力。此次征战大冬会,他将和刘佳宇一道担负冲击 U 型场地男、女冠军的重任。

单板滑雪运动员

刺激的单板滑雪

哈尔滨市气象台预报,帽儿山滑雪场以多云的天气为主,气温在-15℃到-12℃之间。外出观赛的朋友需注意保暖。

单板滑雪已风靡全球,它既有冲浪的自由洒脱和流畅优美,又有滑板的驰骋雪海的刺激震撼,在纯自然的雪原,快感随着速度飙升,可以说单板滑雪比赛是极具观赏性的。当然,单板也是一项剧烈的运动,身体会产生大量的热气和湿气,因此,选手们的着装就显得尤为重要了。服装需要防水、防风、透气,并能保证身体活动自如;一定要带护具,如护膝、护肘、护腕、护臀等加以保护;同样,风镜也是必不可少的。

此外,单板不需要雪杖,因此手套的作用主要不是耐磨,而是为了保暖、防寒。滑雪手套一般要选用天然皮革和合成材料制成,外层面料一定要防水。

(2009年2月20日,来源:中国天气网)

# 帽儿山好天气助首场比赛顺利进行

2月20日,帽儿山总体天气情况良好,赛时气象服务做到了准确、及时和流畅,分别在11时和14时进行的男、女单板滑雪争霸赛预赛顺利结束。

傍晚时分,记者从帽儿山临时气象台台长孙砳石处了解到,20日帽儿山滑雪场天气情况良好,上午虽然有些多云,但很快好转,19日夜的降雪厚度有1厘米左右,这个厚度对于单板滑雪比赛而言非但没有成为障碍,反而有助于选手发挥,这是因为1厘米的雪量不大,蓬松覆盖在硬雪上利于雪板减轻阻力,所以,今天运动员们的状态良好,比赛进行得十分顺利。

据孙砳石介绍,由于今天是帽儿山临时气象台首次为正式比赛服务,尽管此前的训练赛中经过多次"热身",但面对这场考验,气象台的工作人员仍然不敢掉以轻心,一大早,气象服务专报便送到了竞委会并张贴到了气象信息张贴板上,随后,又为竞委会不间断提供逐三小时和每小时的各项气象要素的预报。经过一天的紧张忙碌,帽儿山临时气象台出色完成了首场比赛的气象保障服务工作。

(2009年2月21日,来源:中国气象报社,作者:杨梅菊、马旭清)

## 帽儿山可能阵雪
## 单板滑雪演绎人雪共舞

今天(21日)单板滑雪争霸赛决赛将在帽儿山滑雪场拉开战幕。哈尔滨气象台预计今天帽儿山滑雪场可能还会有降雪,白天的气温在－10℃左右。外出观赛者需注意保暖。

单板滑雪

日本运动员给雪板打蜡

单板滑雪源于极限运动滑板,极具观赏性,尤其是雪上滑板运动员从高山上凌空大幅度跳跃时,十分惊险,令人心跳。但如何在雪上塑造这种完美的高难度跳跃?滑板下可是有"秘密武器"的。

滑雪板滑行时,摩擦而融化的雪水,可起到类似润滑油的作用,从而大大减小了滑雪板的滑行面与冰雪面间的阻力。在滑行面涂抹石蜡后,雪水被滑雪板甩开后呈球状,从而能更加有利于滑雪板的滑行。

而温度和湿度也会影响石蜡的作用,因此,运动员们必须根据比赛当天的气温,雪温和雪质,选择适合的石蜡。另外,运动员们常常会把几种不同性质的石蜡掺合在一起,从而来帮助他们发挥。

(2009年2月21日,来源:中国天气网,作者:景阳)

# 帽儿山赛区未来7天赛事将不受天气影响

第24届世界大学生冬季运动会开赛以来,尽管亚布力赛区部分项目多次因天气影响导致比赛延迟,但同为雪上赛区的帽儿山却一直"风调雨顺"。记者22日从帽儿山气象台获悉,未来7天的天气情况仍将不会影响赛事正常运行。

据帽儿山气象台台长孙砳石介绍:"在帽儿山赛区,我们共设了5个气象站,每天及时反馈信息,以确保赛事正常运行。据我们目前掌握的情况分析,未来7天,帽儿山将不会再有高频率的降雪和大风天气,气温也一直呈回升趋势,最高时可达-5℃左右,不会再出现-26℃的低温天气,这对运动员来讲应该是利好消息。"

"预计24、27日两天,将会出现小雪天气,风速不会高于5米/秒,但这基本不会影响比赛,最多对部分冬季两项运动员的打靶成绩构成影响。"孙砳石称。

同为本届大冬会雪上赛区,亚布力赛区频频出现大风天气延迟比赛的情况,为何相距90千米左右的帽儿山却情况迥异?孙砳石解释:"亚布力和帽儿山同为山区,虽相距不远,但地形却不一样。帽儿山三面环山,很难出现大风天气,除非刮正西风。而亚布力的地形相对没有帽儿山这么理想,所以时常出现因大风天气导致比赛延迟的现象。"

第24届世界大学生冬季运动会单板滑雪、冬季两项比赛于20日至27日在帽儿山赛区举行。

(2009年2月22日,来源:新华社,作者:王昊飞、岳东兴)

# 三道防线护卫帽儿山
# 风平雪静比赛顺利进行

2月23日上午8时,记者驱车来到帽儿山赛区,这里是大冬会雪上项目单板滑雪和冬季两项比赛地点。与亚布力赛区的风云突变不同,此时的帽儿山看起来阳光晴好,风平雪静。上午10时,单板滑雪的平行大回转男/女项目的预赛在这里准时开锣。

"赛区天气实况:风速:1米/秒,风向:西南,温度:$-14℃$……"赛区旁的大屏幕每隔5分钟左右便会显示一次气象信息。

帽儿山临时气象台台长孙砳石告诉记者,几天来,帽儿山的天气不仅仅是适宜比赛,而是堪称十分"配合"——风速不大、阳光晴好,除了21日越野滑雪项目略有推迟以外,其他比赛项目均顺利进行。即使前几天出现的降雪,也因其厚度恰好在1厘米而有利于运动员的发挥。

据孙砳石介绍,这样好的天气不仅是靠运气,而主要得益于帽儿山特殊的地理位置为其提供给了三道防线,首先是帽儿山位于松嫩平原与张广才岭的交界处,恰好是一个天气系统刚刚形成而未加强的阶段,因此较为温和;此外赛区南、北、东三面环山,一般情况下大风天气不易见到;再就是每个赛道的两边树林都非常浓密,高度在15米以上,能够起到有效的挡风作用。所以,自开赛以来,帽儿山赛区的天气一直比较稳定。在21日的单板滑雪争霸赛中获得冠军的法国选手克莱尔向记者表示,比赛那天阳光灿烂,能见度很好,她根据雪温给滑板适量打蜡,而且风不大,当天的天气帮助了她拿到冠军,这枚金牌或许可以为她在接下来的世锦赛中带来好运气。

孙砳石还提醒大家,24日,帽儿山赛区的气温将有所下降,但不影响比赛进行,前来观赛的观众应注意保暖。

(2009年2月23日,来源:中国气象报社,作者:杨梅菊、马旭清)

## 雪板测温打蜡　　气象成决胜因素

2月24日上午10时,越野滑雪冬季两项和单板滑雪U池比赛在帽儿山滑雪场准时拉开序幕,赛场前一排标有"打蜡房"字样的木板房引起了记者的注意。

一位中国裁判告诉记者,这是运动员在比赛前给自己的雪板打蜡的专用区域。冬季雪板打蜡,看似小事情,其实是大课题,滑雪板滑行时,摩擦而融化的雪水,可起到类似润滑油的作用,从而大大减小了滑雪板的滑行面与冰雪面间的阻力。而在滑行面涂抹石蜡后,雪水被滑雪板甩开后呈球状,从而能更加有利于滑雪板的滑行。一般情况下,打蜡甚至可以称得上是运动员取胜的"秘密武器"。由于这一职业的高度技术性,参赛国的打蜡房都是房门紧闭,将此视为高度机密。

据这位中国裁判介绍,给雪板打蜡的环节与气温密切相关。打蜡师要预测比赛时的温度并据此选择不同的蜡,温度每变化两三度,打蜡师就要换一种蜡。每次赛前,打蜡师就会提前来到场地,了解温度、湿度、雪温等气象数据,并预判出比赛时雪的温度、湿度以及雪质等各种参数,并根据这些数据给雪板涂上不同的蜡。简单地说,当雪温处于$-7℃\sim-15℃$之间时,打蜡师一般会采用块状的石蜡,而高于这个温度便会使用粉状石蜡。

另外,运动员们常常会把几种不同性质的石蜡掺合在一起,从而来帮助他们发挥。

(2009年2月24日,来源:中国气象报,作者:杨梅菊、马旭清)

# 气象站及时反馈信息
# 帽儿山比赛进展顺利

2月23日上午10时,第24届世界大学生冬季运动会雪上项目,单板滑雪平行大回转的比赛在帽儿山滑雪场如期进行。

据悉,近日,气温回升,帽儿山当天的最高气温为-9℃。帽儿山临时气象台台长孙砳石介绍,帽儿山赛区设立了5个五要素自动气象站,每天及时反馈赛区的风向、风速、温度、湿度和雪温信息,以确保赛事正常运行。

(2009年2月25日,来源:中国气象报社,作者:刘晓林、杨梅菊)

# 帽儿山赛区未来七天比赛不受天气影响

2月24日,第24届世界大学生冬季运动会冬季两项男子10千米决赛在帽儿山滑雪场举行。

自大冬会开赛以来,帽儿山雪上赛区一直"风调雨顺",与亚布力赛区部分赛事因天气原因导致比赛延迟形成鲜明对比。记者23日从帽儿山气象台获悉,未来七天的天气情况仍将不会影响赛事正常运行。

(2009年2月25日,来源:中国气象报社,作者:刘晓林、杨梅菊)

# 帽儿山单板滑雪U池今日决赛

帽儿山滑雪场作为此次大冬会的赛场,承担着冬季两项、单板滑雪项目的比赛。今天(25日)大冬会的单板滑雪男女U池决赛将在帽儿山鸣枪,中国女队将派出刘佳宇激战群芳,男队将由曾小桦出战,继续在茫茫雪原上踏浪逐风,尽显风采。

单板滑雪

哈尔滨市气象台预计,帽儿山滑雪场25日天气以晴为主,白天的最高气温在-9℃左右。相对于亚布力来说,帽儿山的天气一直显得平静很多,可谓"风调雨顺",没有赛事因为天气而被调整。

尤为值得一提的是,据帽儿山赛场的监测点数据显示,自大冬会开赛以来,赛场的空气污染指数一直为30～50,空气质量连续优秀。而哈尔滨市区的空气也不错,从18日大冬会开幕以来,市区空气质量持续良好,污染指数连续3天保持在60～80,尤其是21日、22日两天污染指数为55～75、51～71。与去年同期相比,污染指数明显下降。

相关报道:

中国18岁小将刘佳宇将是万众瞩目的焦点,因为小佳宇是世锦赛与世界杯的双料冠军,也是中国单板U型池的新一代领军人物。虽然在2月15日结束的单板滑雪加拿大站比赛中,刘佳宇憾负美国选手克拉克·凯莉,取得了第二名的成绩,但在本次大冬会的比赛中刘佳宇绝对是一枝独秀。

(2009年2月25日,来源:中国天气网)

# 哈尔滨天气适宜
# 对大冬会闭幕式无影响

第 24 届世界大学生冬季运动会将于 2 月 28 日在哈尔滨国际体育会展中心举行闭幕式。今天帽儿山还将有冬季两项集体出发项目,哈尔滨市气象台预计,帽儿山以多云的天气为主,白天的最高气温在 $-5$ ℃ 左右。

闭幕式期间,哈尔滨天气以晴转多云为主,风力不大,气温适宜,20 到 23 时天气多云,气温在 $-10$ ℃ 到 $-7$ ℃ 之间,相对湿度为 55%,对活动没有影响。

为保证闭幕式的顺利进行,闭幕式当天 13 时至 23 时,哈市市区部分区域实施临时交通管制。交警部门提示,持有大冬会通行证的车辆,应当按照大冬会通行证指定的停车区停放,禁止在其他区域或道路上停放;其他市区车辆尽量避开会展中心周边道路行驶。交通管制期间,外地车辆尽量不要进入市区,过境车辆可从环城高速绕行。

(2009 年 2 月 28 日,来源:中国天气网)

**室内场馆气象保障**

# 哈尔滨总体天气情况适宜大冬会开幕式举行

2月18日一早,记者从黑龙江省哈尔滨市气象台了解到,今天20时到23时大冬会开幕式举行期间,哈尔滨总体天气晴好,有利于开幕式举行。

其中,开幕式3个小时哈尔滨气温将在$-18℃\sim-15℃$,略偏低,有微风,但湿度和能见度符合开幕式要求。

由于此次大冬会开幕式是在哈尔滨国际会展中心室内举行,因此,略低的温度可能对市民出行有影响,但总体天气情况适宜开幕式举行。

(2009年2月18日,来源:中国气象报社,作者:杨梅菊)

## 速滑馆便携式自动气象站迎战大冬会

2月18日,大冬会开幕式在即,黑龙江省速滑馆内的便携式自动气象站已经做好准备,随时为赛事提供精准数据。

(2009年2月18日,来源:中国气象报社,作者:刘晓林、杨梅菊)

## 大冬会首金诞生　中国选手获亚军

2月19日,第24届世界大学生冬季运动会速度滑冰女子500米决赛在黑龙江省速滑馆举行,韩国队选手李相花获得冠军,这也是本届大冬会的首枚金牌。中国队选手于静获得亚军。

今天13时,哈尔滨的气温为13.3℃。黑龙江省气象台预计,今天哈尔滨为阵雪转多云天气,气温在$-12$～$-20$℃之间,东风3～4级转东北风小于3级。提醒要外出看比赛的朋友注意保暖,推荐穿着棉衣、羽绒服,内着衬衫或羊毛内衣、羊毛衫、外罩大。

韩国队选手李相花

中国队选手于静

(2009年2月19日,来源:中国天气网)

## 速滑馆首金产生　气象服务首战告捷

"现在非常忙,马上要开始比赛了。"2月19日一大早,记者多次拨打电话后终于接通了哈尔滨市速滑馆气象观测员高传军的电话,还没等开口,他就这样告诉我们。今天早上9时,速滑馆内首场比赛速度滑冰女子500米拉开帷幕,大冬会第一枚金牌也在这里产生,气象服务接受"阅兵"的时刻到了。

高传军告诉记者,由于是本届大冬会的首枚金牌,速度滑冰馆中座无虚席,虽然无心观战,但这场比赛同时也是对气象服务的首次检验,所以压力很大。

为了能够做好速度滑冰首场比赛的气象服务工作,速度滑冰场的气象服务人员早做部署、充分准备,19日一早,就为裁判组提供了3小时的短时临近预报,给出了冰温、室温、湿度等气象要素适宜比赛的建议。

上午9时,离正式比赛开始前还有一个小时,现场气象服务人员又为总裁判长提供了赛场内的温度、湿度、大气压、冰面温度、冰下温度、海拔高度和室外空气湿度等气象要素,此外在整个比赛期间的每个正点,他们同样提供以上气象要素数据。

值得一提的是,这些气象要素中的冰下温度和室外空气湿度等数据是昨天下午才临时确定要增加的预报内容,在整个速滑场馆内仅有一台气象自动站的情况下,现场观测员克服重重困难,早上6时便开始为采集数据做准备。

这些丰富、及时、准确的气象服务产品最终满足了速滑比赛对气象服务的需求,并得到了大冬会组委会和速滑馆裁判组的高度赞扬。

(2009年2月19日,来源:中国气象报社,作者:杨梅菊、张玉成)

# 哈尔滨市气象局
# 特派小组服务大冬会冰壶赛

2月19日早9时整,中国女子冰壶队首次亮相第24届大学生冬季运动会的正式比赛,同时拉开了冰壶赛的序幕。

按照组委会及大体联要求,室内温度不能高于10℃,冰面温度要保持在-9~-5℃之间,以确保运动员的运动活力和冰壶在冰面上的良好滑行。赛事的高技术指标要求也给气象部门提出了巨大考验。哈尔滨气象局因此特派两名气象服务人员进驻冰壶场馆,竞委会又为小组配备了一名气象发布助理,随时为赛事提供现场气象服务。

据场馆气象服务小组成员之一的王翠介绍,按照与竞赛组委会达成的协议,现场观测员将在每场比赛前半小时、赛前10分钟向广电系统、计分系统发布一次《气象信息专报》,内容包括室内温度、湿度以及冰面温度,以配合场馆调控室内温度、湿度要素和控制冰面温度。同时,气象服务小组还随时为竞委会及各国代表团解答场馆内的相关问题。

(2009年2月19日,来源:中国气象报社,作者:赵培伟)

## 中国冰壶女队喜迎开门红

2月19日9时,哈尔滨第24届世界大学生冬季运动会冰壶比赛在黑龙江滑冰馆拉开帷幕。首先进行的是女子冰壶第一轮比赛。在中国队与英国队的比赛中,当比赛进行到第七局结束时,英国队弃权。中国女子冰壶队历时近2个小时,以11比3战胜首个对手英国队。

其他四组加拿大—俄罗斯、瑞典—日本、美国—韩国、捷克—波兰的比赛正在进行中。中国女子冰壶队将在今晚19时迎战第二轮对手捷克队。让我们期待他们的好成绩吧!

对于冰上项目来说,室内气象条件也同样影响着运动员的水平发挥。如:温度适宜能使运动员的体能效率高;温度过高或湿度过大不

英国与中国队对垒

中国女子冰壶队比赛进行时

仅影响人体排汗,影响体热散发外,还使运动员呼吸的氧量明显减少,从而影响二氧化碳的代谢,或者影响体能发挥等。尤其对于来自不同国家、不同地域的运动员来说,本来就不能适应当地的气候,如果室内条件再不适宜,就很容易影响运动员的体能和技术发挥。

相关报道:

冰壶——贵族运动

器材的昂贵让冰壶比赛成为大冬会上的难得一见的"贵族运动"。难能可贵的是,在整个中国从事冰壶运动的专业队员人数"比熊猫还少"的劣势下,我国冰壶项目水平却上升较快,由黑龙江运动员组成的中国女子冰壶队在2008年世锦赛勇夺银牌,中国男子冰壶队也奇迹般地闯进四强。好奇也好,看高手对垒也罢,大冬会上的冰壶比赛别开生面。

(2009年2月19日,来源:中国天气网)

# 哈尔滨市气象局三支小分队服务冰上场馆

近日,哈尔滨市气象局派出三支冰上场馆气象服务小分队分别在速滑馆、冰壶馆、理工大学滑冰馆安装了为大冬会新引进的 DYYZ-YD 型自动气象站,并用手持气压、温度和湿度表进行对比监测场馆内气象状况,以确定系统的稳定性和准确性,为测试联调提供了空气温度、冰温、空气相对湿度、室内大气压力和冰面海拔高度等气象要素服务产品。

各服务小分队分别与大冬会竞赛部气象处的对接部门负责人取得了联系,针对所需要提供的气象产品种类、提供时间、接口单位等事宜进行了沟通。同时确定了提供气象信息的具体要求,即速滑馆每天开赛前,为成绩处理系统提供《哈尔滨市 72 小时天气预报》和《第 24 届大冬会速度滑冰比赛气象信息专报》;所有场馆的气象服务部门均在每个项目比赛前 5 分钟和每个项目结束前 5 分钟向裁判组、计分系统、大屏幕播报系统、电视转播系统和宣告系统提供气象数据。

(2009 年 2 月 19 日,来源:中国气象报社,
作者:袁长焕、姬菊枝、韩滨茹)

# 哈尔滨雪中迎来短道速滑开赛

昨天(18日)第24届世界大学生冬季运动会在美丽的"冰城"哈尔滨顺利开幕。作为规模仅次于奥运会的世界大型综合性运动会,本次比赛吸引了来自40多个国家和地区的2100余名运动员参加,在接下来的10天里,运动员们将在哈尔滨的冰雪世界中纵横驰骋,挥洒青春,争创佳绩。

短道速滑比赛

今天大冬会的1500米短道速滑项目迎来开赛。据黑龙江省气象台预报,预计哈尔滨19日会有降雪,最高气温在－12℃左右,提醒要外出看比赛的朋友注意保暖,行车注意安全。

本届大冬会,中国短道速滑队共派出男女各6名选手参赛。女子短道速滑是中国队冰上运动中最具优势的项目,国家队两名主力周洋、刘秋宏都具备夺金的可能。反观竞争对手,实力强大的韩国队、加拿大队均派出了一线队员参赛,赛场上的对抗将会十分激烈。

短道速滑比赛将在近10000平方米、能容纳2800名观众的哈尔滨理工大学体育活动中心主馆内举行。馆内采用了无影玻璃制成了采光顶,这项技术的最大特点就是透过无影玻璃的阳光,不会对场上运动员的发挥造成干扰,而且也可以保证白天在没有灯光的情况下进行正常的比赛和训练,既充分利用日光照明,又可以保证馆内温度。据说,配备这种采光设计的省速滑馆为目前世界首家。

此外,在场馆建设过程中,建设者考虑到哈尔滨市属寒冷地区的气候特点,采用了新型中空玻璃。此种玻璃解决了传统玻璃隔热性能与采光性能的矛盾,在拥有良好隔热性能的同时,具有良好的采光性能,具有夏季隔热、冬天保温的性能,从而达到节约能源的目的。

(2009 年 2 月 19 日,来源:中国天气网)

## 气象部门启动预案
## 满足哈尔滨冰上基地滑冰馆新需求

2月18日,黑龙江省哈尔滨冰上基地滑冰馆出现紧急情况,国际总裁判长对组委会气象服务提出了一系列新要求,气象部门启动应急预案,满足了这一新的需求。

据悉,新的需求与原气象服务预案相距甚大,要求每个项目比赛前5分钟和结束前5分钟提供所测冰面温度、室内温度和空气湿度;冰面海拔高度和室内大气压力每天开赛前报告1次;哈尔滨市72小时天气预报每天开赛前报告1次;每天比赛前1小时起,每隔1小时报告一次速度滑冰场内四处固定测点的冰面温度、冰下温度、室内温度、室内空气湿度以及室外空气湿度。

面对紧急情况,气象部门紧急召开由有关技术、管理人员参加的协调会议,并启动大冬会气象服务应急预案,一切以大冬会需要为出发点,快速反应,第一时间解决问题。同时明确四点要求:调剂3名志愿者协助工作,立即解决人员短缺问题;从大气探测中心紧急调来4台温湿度表,并紧急购置4台红外测温仪器;经速度滑冰馆负责人、中方总裁判长、气象处负责人协商后决定直接从速度滑冰馆机房读取冰下温度提供给有关方面;由哈尔滨市气象台每天早上7时40分提供哈尔滨市72小时天气预报。

气象部门的快速反应,得到速度滑冰馆总负责人的称赞。

(2009年2月20日,来源:中国气象报社,作者:姬菊枝、张海玉、袁长焕)

## 精细化气象服务
## 力助女子 3000 米速滑决赛顺利进行

2月21日13时,女子3000米速度滑冰决赛在哈尔滨冰上基地速滑馆举行,气象服务小分队技术人员按照组委会及总裁判长罗兰德的要求及时提供了精准的气象数据,保证了比赛的顺利进行。

速度滑冰馆裁判张效东说,在整个服务过程中,气象服务人员和志愿者克服重重困难,在外籍总裁判长罗兰德提出了大大超出原定观测要求的情况下,又快又准地提供测量数据,技术代表以及各方官员为此都感到非常满意,为大冬会顺利进行起到保驾护航的作用。

据哈尔滨冰上基地速滑馆技术人员潘立军介绍,速度滑冰对气象条件的要求非常严格,程序非常复杂。每天一开馆,就要及时向组委会及总裁判长罗兰德提供包括冰面温度、室内温度、湿度、室内大气压和冰面海拔高度在内的速度滑冰现场气象信息专报和哈尔滨市 72 小时天气预报,每半小时提供一次速滑馆内四点的气象信息,开赛前 5 分钟、比赛结束前 5 分钟提供现场冰面温度、冰底温度、室内温度、室内湿度和室外湿度五要素信息专报。

按照要求,气象服务小分队技术人员在工作人员浇冰后每分钟测量一次冰面温度,了解浇冰后温度的变化程度,及时总结四个制冷剂交换点气象信息并反馈给冰场,以便冰场的工作人员第一时间了解冰面温度等信息,更精确的控制温度;制冷室根据气象处提供的冰面温度调节制冷设备,控制冰温,确保各项数据符合大冬会委员会要求的国际标准指标。

(2009 年 2 月 24 日,来源:中国气象报社,
作者:袁长焕、张海玉、王世彤)

# 气象部门紧急处理突发事件
# 确保比赛正常进行

2月24日上午10时许,哈尔滨冰上基地速滑馆气象服务人员通过自动气象站监测发现速滑馆室温突然下降,到中午12时室温已从17.0℃下降到了12.8℃。按照组委会要求,速滑馆室温低于14℃就要停止比赛,而下午13时男子1000米速滑决赛将马上开赛。

现场气象服务保障人员马上将这一情况上报给成绩处理系统负责人,经协商后,紧急上报给裁判组和场地部,场地部根据现场气象服务保障人员所报信息进行紧急联调,升高室内温度,保证在开赛前使室内温度达到比赛要求,确保比赛顺利进行。

开赛前10分钟,速滑馆室内温度已升至14.1℃,哈尔滨冰上基地速滑馆气象服务人员及时准确的气象服务确保了男子1000米速滑决赛准时开赛。

(2009年2月24日,来源:中国气象报社,<br>作者:袁长焕、张海玉、潘传军、马旭清)

## 制冰大师斯科特·汉德森：
## 完美的冰需要完美的气象条件

2月22日傍晚，冰壶馆第二场比赛结束，第三场比赛还未开始，记者见到了正在工作中的冰壶赛道首席制冰师斯科特。他欣然接受采访，但要求必须等到工作结束。

2月22日，大冬会冰壶赛道首席制冰师斯科特接受中国气象报记者杨梅菊的采访

44岁的斯科特头戴灰褐色鸭舌帽，瘦高，来自苏格兰的爱丁堡，是世界十大制冰师之一。每年大约有半年的时间都会从事专业制冰工作，此次应邀为本届大冬会冰壶场地制冰。

一局比赛结束，各队休息的间歇，斯科特上场了，用一把特制的三四米宽的大毛刷在五条冰道上推扫，还不时蹲下身用整个手掌擦拭晶莹剔透的冰面，仿佛在抚摸着一件宝贝。

工作时，他与来自加拿大有着20多年制冰经验的道格·莱特分工明确，相互协作又互不干扰。

51岁的道格·赖特背着白色储水箱，边走边晃动喷水器向冰壶赛道喷上温水，紧随其后的斯科特则推着除草机模样的制冰机推平赛道。

据工作人员介绍，冰壶赛道是必须绝对水平、绝对无尘，这里的每一条赛道都是制冰师们精心呵护出来的。两个小时后，斯科特结束了他的工作，没有来得及吃饭，便开始了我们的采访。

**冰壶运动要求的冰温空间很狭窄　是与气象数据关系最为紧密的一项**

**杨梅菊**：你刚刚在用那个黄色的机器做什么？

**斯科特**：你可能会以为我是在自家门前割草（笑），但是不是，我做的是一项技术活。我在用刨冰机清理赛道，保证它是平坦的，而且上面没有任何杂质。

**杨梅菊**：你来哈尔滨多久了？这段时间都做了些什么？

**斯科特**：我2月11日到的哈尔滨，时间比较短，在过去几天里一直比较紧张，要为大冬会的比赛做各种各样的准备，要确保赛道冰的水平、制作出完美的冰道。我每天的工作就是保证冰壶馆里5条赛道冰面的温度和平整度以及管理所有制冰机器，时刻监测冰面的温度变化，让冰的温度处于一个良好的状态，能够达到国际标准。

**杨梅菊**：你认为现在这个冰道是否已经达到国际标准？

**斯科特**：我自己是制冰师，所以不能随便表扬自己，但是运动员告诉我他们感觉现在的冰非常好，他们很喜欢，至少在上面能够打出好球。我从事制冰工作很长时间了，知道对于冰壶比赛来说什么是好冰，什么是不好的冰，现在我就可以说这个冰至少不坏（笑）。

**杨梅菊**：看你工作好像很有趣但是又很复杂，你怎样看待自己的工作？

**斯科特**：这是一项技术性很强的工作，你要明白建筑的结构、冰的性能，并懂得如何控制这些因素，因为相对于其他冰上项目而言，冰壶是与气象数据关系最为紧密的一项，对冰的温度要求十分苛刻，例如溜冰等项目所要求的冰温可以在很大的空间里浮动，但是冰壶要求的冰温则是很

2月22日，大冬会冰壶赛道首席制冰师斯科特在制冰工作中

狭窄的,我工作最困难的一点在于如何很好地将冰温控制在这一区域内。而如果没有玩冰壶专用的设施,会更难一些。

每天随时关注气象数据是我工作中非常重要的一部分。制作出完美的冰需要这些数据首先完美。

**杨梅菊:** 你刚刚说到让冰温处于一个完美状态,那么什么样的温度才是完美的?

**斯科特:** 这个要根据具体情况,例如要根据空气的状况、温度、湿度等很多个方面来确定,还要根据制冰所用的水来确定,这些水必须要完全纯净的水。一般情况下冰面温度需要在$-4.5℃$左右,而其他任何地方的温度则需要在$-4.5\sim-6℃$之间,这样有助于冰壶的滑行。

**杨梅菊:** 你注意到了我们身后的那座气象站了吗? 它每天记录的恰好就是你所说的冰温、室温和湿度等,你每天都在看这些数据吗?

**斯科特:** 是的,我每天都会看到那个小气象站,我会随时关注气象数据,这是我工作中非常重要的一部分,不仅有室内的,还有室外的。因为室外的温度和湿度一定会影响到室内的,尽管这样的影响可能不是很大,但是没有任何一座建筑是真空的。

例如昨天(21日)场馆内的湿度就很高,这是因为外面在下雪,人们进进出出,把外面的温度和湿度带进来,所以这项运动对数据的要求是十分严格的。制作出完美的冰必须需要这些数据首先完美。

**冰壶运动对冰面的要求极高 冰面需要绝对干净**

**杨梅菊:** 看到你工作的样子,我觉得你对制冰工作充满了感情。

**斯科特:** 是的,我十分享受自己的工作。我在制冰的时候会有一种探险的感觉,这很有趣,但是也很艰苦。这份工作带着我四处游走,让我感觉自己不仅仅是在工作,还是在探索。

**杨梅菊:** 你喜欢玩冰壶吗?

**斯科特:** 是的,我从小就喜欢玩冰壶,并且喜欢思考,我现在正靠这个爱好谋生,而且这也许就是为什么现在我能够知道运动员们在冰上想要什么样的感觉。我喜欢玩冰壶,也愿意让别人喜欢上玩冰壶。

**杨梅菊:** 刚刚你的搭档道格背着一个白色的箱子,他洒的是什么?

**斯科特:** 那个箱子叫储水箱,里面装的是完全纯净的温水。如果水是不纯净的,那冰壶在上面可能就不能移动,冰壶运动对冰面的要求极高,冰面需要绝对干净,哪怕一根头发的存在都会改变冰壶的方向,影响运动员的发挥。你可以看到运动员在比赛的时候在擦啊擦啊,因为摩擦可以增高冰面的温度,使得冰面快速地化出薄薄的一层水,有了这层很薄的水就减少了冰壶与冰面的直接接触面积,也就是说能减小冰壶与冰面的摩擦,可以让冰壶滑得更远。

队员们比赛时穿的鞋子,都是专门制作的。两只鞋子的质地不同,一只要能抓住冰面,另一只要确保投掷前身体平稳向前滑行。抓冰面的鞋底用橡胶制成,摩擦力大。滑行脚的鞋底是用塑料制成,摩擦力小。水的温度必须是温的,落地的时候才能形成均匀的点。

**杨梅菊**:你用了多久来学会这项工作?

**斯科特**:任何一件事情从开始学习到结束都会经历很长时间,我花了5年左右的时间学习,读了很多书,同时需要时间来观察、思考。我年轻的时候,曾经在冰壶场馆免费工作来完成实践,算起来至少有5年的时间。我已经从事制冰25年了,我非常爱这个行业,这里充满无穷的乐趣。

(2009年2月24日,来源:中国气象报社)

**服务侧记**

# 聚焦大冬会：一份特别的临行礼物

24日一大早，很多比赛结束的运动员和裁判意外收到了来自亚布力气象台的一份"特别礼物"，他们不会知道，为了这份特别的礼物，亚布力气象台的工作人员忙碌了几乎一整夜。

工作人员

晚上12点左右，位于亚布力竞赛指挥中心大楼里的气象台办公室灯却仍然亮着，按照曹彦台长"人性化、全方位、针对性"的大冬会气象服务的要求，预报人员韩基良在原来大冬会气象服务方案的基础上，临时调整了增加了内容，专门制作了一整套"温馨返程天气预报"。预报内容涵盖了从亚布力离开之后，到哈尔滨或其他国内主要城市转机的所有内容。这套"温馨返程天气预报"服务主要分为三类，第一部分是G10国道亚布力到哈尔滨段天气预报，即从亚布力到G10国道亚布力到哈尔滨段天气预报，第二部分为国内主要城市天气预报，包括了北京、上海、广州3个主要城市24、25日预报，第三部分为世界主要城市天气预报，内容为多伦多、法兰克福等国外14个主要城市25、26日预报。

在大冬会期间，亚布力气象服务全体人员按照分工和要求，各尽职守，精心服务，受到大冬会组委会、官员、裁判、运动员的肯定和好评。今天，亚布力比赛区的自由式滑雪项目已经结束，很多运动员和裁判们已经准备离开,这套温馨返程预报中英文共两份,虽然组委会并没有提出相关要求,但这份量身订做的温馨返程预报却正是他们临行时最需要的"行李",充分体现了亚布力气象台的精细化服务的水平,也必将使他们对大冬会的气象服务印象划上完美的句号。

(2009年2月24日,来源:中国天气网,作者:景阳、高海虹)

# 气象激扬青春　冰雪见证未来
## ——第 24 届大冬会气象保障服务侧记

2 月 18 日 20 时，这是几个月以来哈尔滨市民再熟悉不过的一个时刻。随着橘色冰壶从运动员手中缓缓掷出，哈尔滨国际会展中心上空的主火炬被点燃，整个哈尔滨的夜空因为冰雪之梦的实现而光芒闪耀——第 24 届世界大学生冬季运动会（以下简称大冬会）在这里完美开幕。

"冰雪、青春、未来"。从 4 年前开始申办大冬会起，哈尔滨人便期待那一时刻的到来，如今，4 年磨剑终出鞘；而从开始为大冬会申办工作承担气象论证服务的那一刻开始，所有气象人就只有一个名字——大冬会气象服务人员，如今，4 年辛劳终圆梦。

**冰雪见证**

18 日上午，在第 24 届大冬会组委会第三次会议上，黑龙江省委常委、常务副省长、执行主席杜家毫对气象服务保障筹备工作给予了高度评价。而这场体育盛事的完美开幕则再次称量了气象部门大冬会精细化服务的含金量。

"不冷。天气预报说气温偏低，嘱咐我们外出多加衣物。我们穿得很暖和，心里也热乎乎的。"市民王振湖说。18 日晚，许多没能到现场观看大冬会开幕式的哈尔滨市民来到哈尔滨国际会展中心外围，沉浸在火炬燃亮夜幕下的冰城。

此时守在电视机前观看开幕式的哈尔滨气象台副台长陈莉更是松了一口气——作为唯一一个不在室内进行的环节，大冬会火炬的顺利点燃意味着气象人的大冬会第一关闯关成功；而市民王振湖的话更是对几天来奋战在气象服务一线的工作人员的最大嘉奖和鼓舞。与哈尔滨市气象台工作人员一样没有回家的，还有"后方指挥中心"——黑龙江省气象台的工作人员。在许多个不眠之夜之后，他们所有的努力都在那一刻得到了答复。

"这不是最后的考试，及格也不是我们追求的目标，我们希望可以笑到最后。"亚布力临时气象台台长曹彦表示。

服 务 篇

**为青春做翼**

12项投入业务运行的研究课题、17套自动气象站、两台气象自动站资料接收中心平台服务器、两套临时气象台的可视化会商系统、两条6兆带宽的VPN光纤虚拟网络专线……这是几年来黑龙江省气象部门分批次专为大冬会添置的"行头";3小时短时临近天气预报,12小时赛场精细化预报,哈尔滨、亚布力和帽儿山三地的7天预报、每日逐小时预报……这是在大冬会期间气象人每天为赛事提供的各类预报服务;交通天气预报、紫外线预报、污染指数预报和生活指数预报……这是人们在大冬会期间每天都会准时接收到的各项气象信息。

四年前,当哈尔滨开始为申办大冬会积极准备时,黑龙江气象部门便开始了为这场放飞青春的体育盛会"做翼"的工作。

大冬会素有"小奥运"之称,但与奥运会不同的是,室温、冰温、雪温、风向、风速、湿度、能见度等任何一个要素的变动都会对比赛的进程和运动员的成绩带来极大的影响。因此,大冬会气象保障服务不仅需要准确及时的赛场天气预报,还需要对每个赛场甚至每个赛道的实时气象信息进行监测。大冬会组委会还会根据每个赛道的现场天气情况随时调整比赛时间和场次。这无疑对气象服务保障工作提出了更高的要求。

由于大冬会比赛所需气象条件精细化程度较高,尤其是雪上项目海拔高差较大,因此建立空间分布较为细致的气象监测网至关重要。为此,大冬会气象服务中心在亚布力5条雪道附近布设了8套五要素自动气象站,在帽儿山两条雪道及U型槽附近布设了5套五要素自动气象站。

同时,随着大冬会各项比赛的展开,各国运动队对气象信息也提出了更高的要求。从18日开始,哈尔滨气象台将预报和实况气象产品细化至逐小时,充分满足各国运动队的需求。

**未来在你手中**

"每天,我们与中央气象台进行会商,与亚布力、帽儿山、尚志市等地气象台进行3次加密会商;我们向竞赛委员会提供逐小时、逐3小时、7天、3天以及第二天天气情况及要素预报……"这是陈莉所熟记的每天的会商日程和内容。

而在亚布力赛场,曹彦已经开始为怎么样进一步确保预报更及时、更准确寻找新的突破口。

值得骄傲的是,尽管一般情况下每个运动队都备有测量风向、风速、温度的设备,但为了确保比赛的公平、公正和权威,组委会特别规定,比赛成绩需要记录赛时的气象观测实况信息,而此信息必须是气象部门认可的。为此,大冬会期间气象观测员都将为每个项目提供观测数据。

速滑馆、亚布力滑雪场、帽儿山以及国际会展中心……比赛期间,几十个现场气象观测员的身影将活跃在每一个场馆。他们就像大冬会的吉祥物冬冬一样,随时穿梭于赛场与后方,成为沟通竞赛组、裁判和气象服务人员的快乐信使。相信在今后几天里,观测员"冬冬们"将成为气象精细化服务大冬会的最灵动载体,而准确、及时、全面的大冬会气象服务也将"扮靓"此次盛会。

(2009年2月20日,来源:中国气象报社)

## 雪中燃烧的激情
### ——大冬会自动气象站建设小记

亚布力滑雪场和帽儿山滑雪场中的自动气象站,就像镶嵌在两座山上的17只"千里眼",时刻监视着老天爷的一举一动,成为赛场上裁判员发号施令的有力见证。为了更好地为大冬会提供科学、准确、及时的天气预报和赛场上的实时数据,哈尔滨市气象局的气象技术人员克服了种种困难,在冰天雪地里演绎了一个个激情四射的故事。

时间追溯到2008年9月,大冬会已经进入倒计时阶段,各个比赛地点对气象信息与条件的需求迫在眉睫。为此,哈尔滨市气象局的工作人员多次到赛场进行实地勘察、测量,以便确定自动气象站建设的具体地点。经过努力,技术人员仅用了20天的时间就将17个自动站的最终建站地点全部选定。

10月下旬,自动站建设进入施工阶段,哈尔滨也已进入初冬,大地开始封冻。建立10米高的风杆,其地基要用钢筋混凝土浇注1.8米的深度才会超过冻土层,这给自动站基础建设带来了严峻的挑战。技术人员采取一系列超常规措施,克服冬季施工的困难,在往山上运沙子、水泥、钢筋等相关材料时,全靠人力一点一点地往山上背。为了优质高效地完成任务,技术人员在山上一干就是十几天。

自动气象站的安装调试是最为重要的环节。此时,大冬会期间的各项测试赛已在12月5日全部开始。经过精心的准备和周密的部署,自动气象站的安装调试工作在-20℃的天气条件下开始了。12月,哈尔滨的雪大得出奇。在安装自动气象站期间,技术人员克服天冷、雪厚、路滑的困难,靠人力将几百斤重的大箱子往山上扛。就这样,6个人光扛设备就花了3天的时间。在冰冷刺骨的寒风中工作可不是一件容易的事。每安一个零部件都是一种考验,天冷得让人伸不出手,就连用笔记本电脑调试采集器软件时,超过5分钟笔记本电脑就会被冻得死机。尽管低温和大风雪给安站带来了极大的困难,但这丝毫没有影响自动气象站安装调试的进度。最后,自动气象站安装调试如期完成,保证大冬会期间竞委会对气象资料的需求。

如今,在亚布力和帽儿山的滑雪场上,当看到一只只"千里眼"为大冬会运动健儿"呐喊助威"时,您是否会感受到,气象人也同样是奋战在运动场上的"健儿"呢?

(2009年2月20日,来源:中国气象报社)

# 聚焦大冬会  冰城天气别样魅力

2月28日,第24届大学生冬季运动会完美落幕。凝望被灯火装饰得格外耀眼的哈尔滨国际会展中心,天气再次成为大冬会的焦点。为了让大冬会赛事顺利进行,从2004年哈尔滨申办大冬会开始,气象部门一直在为这一天的到来筹备着,气象保障更是以奥运的标准服务大冬会。而这场体育盛事的完美落幕也再次证明气象部门精细化的气象服务。

**天公作美  助力开闭幕式舞台**

4年磨剑终出鞘,2月18日20时,哈尔滨的夜空因为冰雪之梦的实现而闪光——第24届大学生冬季运动会在这里完美开幕。夜幕下的冰城天气晴朗,风力不大,没有影响点燃圣火,烟花也分外夺目。而闭幕式期间的天气也很好,没有影响活动的顺利进行。

在世界的聚光灯下,冰城呈现出别样的"视觉惊喜"。伴随着闭幕式绽放的烟火,这也意味着大冬会所有的冰雪赛事已经结束。虽然大冬会的赛期没有奥运时长,但赛事惊险刺激;虽然开闭幕式舞台没有那么气势恢宏,但精致的设计和创意营造出了另一种璀璨。相信人们一定会像记住奥运会一样记住大冬会每一个经典的瞬间!

**赛事精彩刺激  天气基本配合**

本届大冬会是中国继北京奥运会、残奥会成功举办后的第一个综合国际赛事,比赛的规模和项目设置都是大冬会有史以来最多的一届。回顾为期11天的赛事,天气条件也曾让运动员们在哈尔滨的冰雪世界中纵横驰骋,争创佳绩。

美丽的亚布力和帽儿山作为雪上项目的两个赛场,天气显得尤为重要。总体来说,比赛期间,亚布力赛场2月18日、23日、26日、27日天气不错,风平雪静。此外,19日下午亚布力虽有雪花飘落,但并未对比赛和运动员训练造成影响。

相对于亚布力来说,帽儿山的天气一直显得平静很多,可谓"风调雨顺",没有赛事因为天气而被调整。据帽儿山和亚布力两个赛场的监测点数据显示,自开赛以来空气质量连续良好。而哈尔滨市区的空气也不错,与去年同期相比,污染指数明显下降。

**风吹雪舞　打乱部分赛事原计划**

大冬会的雪上项目很依赖天气。自开赛以来,赛场天气仿佛"兴奋过度",风雪轮流登场,几次打乱部分雪上赛事。

2月20日,对于跳台滑雪项目的运动员们来说是颇具戏剧性的一天。原定于12时30分进行的跳台男女个人K90决赛一推再推,直至由于天气原因最后取消,转而改在21日上午举行。当天13时,跳台赛场天气突变,狂风呼啸而至,现场便携式仪器测得瞬时最大风速超过10米/秒,地面的积雪被狂风吹至赛场内。此后,风力略有减小。在把赛场简单清理之后,比赛进行了一轮试跳,数分钟后,中国队队员马云珊率先开始第一轮比赛,但起跳后在空中受大风影响失去平衡,未能安全落地。为确保安全,组委会将比赛推迟至15时进行。后来发现风力一直未减弱,组委会暂停比赛。

22日虽然阳光明媚,但风力格外大。从早晨开始赛区各赛场风力加大,瞬时风速达到了10米/秒,高山滑雪起点瞬时风速甚至达到了20米/秒。跳台滑雪和北欧两项比赛因为风力加大而停止了比赛,高山滑雪因为风力加大无法开通索道,因此,除了自由式滑雪的空中技巧比赛因为风力较小能够正常进行外,其他上午进行的比赛都推迟至23日。非常值得一提的是,22日唯一进行的空中技巧女子个人赛中,中国队的"雪上公主"们克服恶劣天气,包揽了前三名,使中国队成为了当日征服赛场的主角。

此外,由于天气情况,早在19日,组委会就把原定于21日上午举行的男女高山滑雪女子滑降比赛计划改为20日上午举行,之后又因为19日夜间降了3～4厘米的雪,导致高山速降雪道积雪很厚,无法在短时间内清理干净,且加上20日风力较大,能见度低,赛事再次改到下午进行;原定于21日上午9时30分进行的越野滑雪比赛由于气温偏低而被推迟到10时30分举行;原定于25日11时举行的跳台男子个人K125比赛也改为23日进行;24日降雪再次席卷亚布力,虽然给运动员带来点麻烦,但没有影响赛事。原定于25日上午举行的跳台K90比赛因风大推迟到下午,而越野比赛和男子大回转在经历了短暂的"风波"后,比赛如期进行。

**应对天气　赛场设置"秘密武器"**

为应对冰城变化多端的天气,各个赛场特别设置了"秘密武器"。雪上项目对天气变化较为敏感,为保障大冬会赛场的用雪要求,除人工造雪外,气象部门还做好了人工增雪的准备。亚布力赛场的各个雪道上每隔80米处,设置了一个连接造雪机的分水泵,由计算机集中控制。而为造雪机供水的管线全部埋置于地下并进行保温处理,防止冷冻结冰导致造雪系统失灵。与自然降雪比较,造雪的松软度、湿度、雪质、平整度等标准更适合于雪上运动项目。据悉,这种装置有助于延长滑雪时间,使亚布力滑雪场的"雪季"延长到每年4月底。

对于冰上项目来说,室内气象条件也同样影响着运动员的发挥。如:温度过高或湿度过大都会影响人体排汗和散热。尤其对于来自不同国家、不同地域的运动员来说,本来就不能适应当地的气候,如果室内条件再不适宜,就很容易影响运动员的体能和技术发挥。为了能让运动员和观众都有一个舒适的环境,哈尔滨国际会展中心体育馆特意设计了国际冰联最先进的冰面制冷系统。赛场上冰面的温度保持在-6℃,而观众席的温度则在20℃左右,且每个观众坐席下方还有中央空调的供暖系统,实现了"一个赛场两种室温"。这样运动员们就可以放心大胆的驰骋在场馆赛道上,创造冰上的速度奇迹。

**天气唱主角　奥运气象标准服务大冬会**

从大冬会开始正式训练,无论是在训练场地还是气象台的各办公楼,天气预报公告均在醒目的位置出现。在亚布力新闻中心,随处可见的高清电视也播放着气象节目,赛场内的广播滚动播报天气预报,为运动员和工作人员服务。整个滑雪场,天气预报信息可谓"无孔不入"。

为了更好地服务大冬会,哈尔滨市气象局建立了大冬会气象监测网,将气象要素预报精细到滑雪赛场的每条赛道。亚布力的5条雪道、帽儿山的2条雪道及U型槽附近共布设了13套五要素(风向、风速、温度、湿度、雪温)自动气象站,该雪上气象要素监测网覆盖了雪上比赛所必要的空间密度以及要素种类。在哈尔滨市理工大学滑冰馆等三个滑冰馆安装了三套四要素(冰温、温度、湿度、气压)自动气象站,实时监测市内冰上项目场馆内气象信息。同时,针对组委会和各运动队的需求,气象部门还专门在比赛现场安装了便携式自动气象站,为赛程提供高度精细化的气象保障,让所有赛场的天气变化尽在掌握。

赛程依靠看天"发令"。亚布力赛区气象服务中心的气象专家们,每天都和中央气象台、黑龙江省气象台、牡丹江气象局、尚志市气象局和帽儿山气象局进行常规性可视化天气会商,进行天气预报。如果有对比赛产生影响的降雪和大风等情况,则要进行临时天气会商,及时预报并提供给组委会。得到会商结果和移动气象站的传输结果后,气象服务中心每天还做两种预报:3日滚动预报和3小时预报。(3日滚动预报,即每天预报当日、第二天、第三天的天气情况;3小时预报,即把一天的预报时间按每3个小时分成一个时间段,专门预报该时间段的天气状况,这是一种精细预报。)

平日里的天气预报是12小时预报。气象服务中心专家每天要参加比赛项目领队会,解答技术代表提出的具体气象问题,为每个专项竞赛委员会随时提供气象素材,为赛程调整提供决策依据。除此之外,气象服务中心向每个赛场派出现场测报专家,通过接收服务中心数据实时提供现场的风力、风速、气温、能见度等状况,另外还要按各竞委会的需要,及时监测并提供雪颗粒大小、雪片状或晶状等雪质状况,然后按当时天气变化,随时订正预报。

此外,气象观测员会每隔半小时制作一份赛场天气实况专报,其中包括天气情况、风向、平均风速、最大风速、最小风速、相对湿度、气温、雪温八种实况数据。天气实况专报也是裁判员判定运动员成绩是否有效的标准之一。

(2009年3月1日,来源:中国天气网)

# 黑龙江省气象局隆重召开大冬会气象服务工作先进集体、先进个人表彰大会

哈尔滨第 24 届世界大学生冬季运动会圆满落下帷幕,3 月 5 日,黑龙江省气象局举行隆重的表彰大会,对在这次大冬会气象服务保障工作中做出突出贡献和成绩的亚布力临时气象台等 8 个先进集体和 49 名先进个人予以表彰,表彰大会由黑龙江省气象局副局长邓树民同志主持。会上,黑龙江省气象局局长、党组书记杨卫东同志对这次大冬会气象服务工作做了全面的总结,他说,大冬会的成功凝结了黑龙江广大气象工作者的辛勤、汗水与智慧,在大冬会期间,黑龙江省气象局同哈尔滨市气象局等单位及其工作者,密切合作,团结一心,众志成城,出色地完成大冬会气象服务保障工作,获得了国际大体联、大冬会组委会以及大冬会来宾的好评,向全省人民交了一份满意的答卷,成功地展现了我省气象科技和服务的现代化水平,为重大气象服务和应对紧急事件的气象保障提供了宝贵的经验,打下了坚实的基础。杨卫东同志还动员黑龙江省气象部门广大气象工作者要以先进集体和先进个人为榜样,弘扬艰苦奋斗的奉献精神、精益求精的敬业精神、勇攀高峰的创新精神和团结协作的团队精神,同时各单位各部门都要总结和发扬大冬会气象服务工作中取得的成功经验,以此次为契机推动黑龙江气象部门各项工作尤其是气象服务工作登上更高平台。

(2009 年 3 月 5 日,作者:马旭清、那嘉)

# 科普篇

# 哈尔滨 2009 世界大冬会项目设置

| 冰上项目 | 男子项目 | 女子项目 |
| --- | --- | --- |
| 速滑 | 100m<br>500m<br>1000m<br>1500m<br>5000m<br>10000m<br>团体追逐赛 | 100m<br>500m<br>1000m<br>1500m<br>5000m<br>10000m<br>团体追逐赛 |
| 花样 | 男子单人滑 | 女子单人滑<br>队列滑 |
| | 双人滑<br>冰上舞蹈 | |
| 短道 | 500m<br>1000m<br>1500m<br>3000m<br>5000m 接力 | 500m<br>1000m<br>1500m<br>3000m<br>5000m 接力 |
| 冰球 | 男子冰球 | 女子冰球 |
| 冰壶 | 男子冰壶 | 女子冰壶 |

| 雪上项目 | 男子项目 | 女子项目 |
| --- | --- | --- |
| 高山 | 速降 | 速降 |
| | 超级大回转 | 超级大回转 |
| | 大回转 | 大回转 |
| | 回转 | 回转 |
| | 全能 | 全能 |
| 越野 | 短距离自由 | 短距离自由 |
| | 10km 自由 | 5km 自由 |
| | 4×10km 接力 | 3×5km 接力 |
| | 30km 传统集体出发 | 15km 传统集体出发 |
| | 7.5km 追逐 | 5km 追逐 |
| 跳台 | K125 个人 | K90 个人 |
| | K90 个人 | |
| | K90 团体 | |
| 北欧两项 | 个人(K90,15km) | |
| | 短距离(K90,7.5km) | |
| | 团体(3×5km,K90) | |
| 自由式 | 空中技巧个人 | 空中技巧个人 |
| | 空中技巧团体 | 空中技巧团体 |
| | 争霸赛 | 争霸赛 |
| 冬季两项 | 20km 个人 | 15km 个人 |
| | 10km 短距离 | 7.5km 短距离 |
| | 12.5km 追逐 | 10km 追逐 |
| | 15km 集体出发 | 12.5km 集体出发 |
| | 混合接力(女子 2×5km,男子 2×7.5km) | |
| 单板 | 山地个人 | 山地个人 |
| | 平行大回转 | 平行大回转 |
| | 争霸赛 | 争霸赛 |
| | 空中技巧 | |

# 大冬会与气象条件的关系

众所周知,在体育比赛中,"天时、地利、人和"是运动员创造好成绩的至关重要条件,"天时"指的就是天气气候状况。有关专家研究表明,各种气象要素,例如温度、降水、风等天气现象都可能影响体育比赛,甚至引发运动员的心理和生理变化,最终导致影响比赛成绩。

哈尔滨举办的第24届世界大学生运动会,是世界大冬会历史上比赛项目设置最多的一届,共有12个大项,82个小项。其中有很多项目气象条件将直接影响竞技者的成绩和水平。例如:大冬会雪上项目对气象条件要求很高,气象服务好坏直接影响到比赛能否顺利进行。跳台滑雪要求风速低于3米/秒;能见度在滑雪比赛中较重要;雪温和雪质对运动员雪板打蜡的种类和多少有关等。另外,冰上项目,室内气象条件也同样影响着运动员的水平发挥。如:温度适宜则能使运动员的体能效率高;温度过高或湿度过大不仅影响人体排汗,影响体热散发外,还使运动员呼吸的氧量明显减少,从而影响二氧化碳的代谢,或者影响体能发挥等。尤其对于来自不同国家、不同地域的运动员来说,本来就不能适应当地的气候,如果室内条件再不适宜,就很容易影响运动员的体能和技术发挥。所以,为了更好地做好大冬会的气象保障工作,黑龙省气象局建成了大冬会气象监测网。在亚布力5条雪道,在帽儿山2条雪道及U型槽附近共布设了13套五要素自动气象站。在哈尔滨市理工大学滑冰馆等3个滑冰馆安装了3套四要素(冰温、温度、湿度、气压)自动气象站,实时监测实时监测气象要素变化,为使运动员的体能得到最佳发挥提供科学依据。此外,人的情绪与天气有着密切的关系,天气晴朗,风和日丽,人就精神抖擞,容易增加运动员的自信心,也更容易产生成绩,而阴雨天人就无精打采,烦闷不悦,对运动员产生一定的影响

气象条件对体育赛事的影响归纳起来,大致可分为三类:第一类是限制性的,由于恶劣天气、灾害性天气限制了比赛的进行。第二类是影响运动员的比赛成绩。运动员在同一赛场虽可决出名次,但如果遇上高影响天气,则会使比赛成绩受到影响。第三类是影响体能的发挥,使运动员发挥不出或者"超水平"发挥其体能。"天气预报对运动员的作用是使其做好应对坏天气的心理和技术准备,对赛事组织者的作用是使其做好应急预案,及时调整比赛日程。"

# 大冬会雪上项目对气象条件的要求

大冬会雪上项目对气象条件要求很高,比赛日程都会根据当时的气象条件来安排调整,气象服务好坏直接影响到比赛能否顺利进行。如跳台滑雪要求风速低于 3 米/秒。能见度在滑雪比赛中较重要;能见度过低,会影响运动员、裁判员的视线,影响比赛成绩。雪温和雪质对运动员雪板打蜡的种类和多少有关等。亚布力雪场面积 22.55 平方千米,海拔 1374.8 米,雪道总长度 50 千米,最长单条雪道 5 千米,落差 912 米,因地形复杂,气象要素预报难度大。气象监测数据和预测预报服务,实时性强、精细化程度高,甚至精细到每一个赛道项目。

按照国际惯例,比赛期间气象条件的界定是以气象部门权威发布的信息为准,为了公平、公正和权威性,比赛成绩需要记录当时的气象观测实况信息,大冬会期间每个项目将派专业的气象观测员提供观测数据。

# 气象条件与体育运动关系密切

1996年是现代奥林匹克运动会诞生100周年。世界气象日之所以选择"气象为体育服务"作为主题,目的在于强调天气气候信息对于人们的运动和休闲活动,以及有关此类活动的组织工作的价值和意义。事实上,人们已越来越重视天气和体育之间的关系。以奥运会所需的气象保障为例,提前数年就要由常规的国家预测网提供奥运会申办城市的一般气候信息;一旦承办城市选定,便立即开始研究整理当地的特殊气候信息,确定对各种不同比赛项目至关重要的天气要素,为每一个运动会场提供详细的气候资料,作为运动员备战训练时的参考。

1. 气温——通常是对运动员的植物神经系统、内分泌功能以及血压等有影响,不同的气温条件会对运动员产生不同影响。径赛运动员发挥水平最适宜的气温为17℃～20℃。田赛运动员发挥水平最适宜的气温通常为20℃～22℃。室内比赛的射箭、拳击、网球、柔道、射击等项目的适宜气温为13℃～16℃,篮球、垒球为10℃～13℃,羽毛球为7℃。

2. 湿度——对人体的影响主要是在热代谢和水盐代谢方面。湿度大会使体内汗液蒸发困难,妨碍散热过程。湿度太大,运动员会感到烦恼郁闷,湿度太小又有干渴烦燥的感觉。湿度较低时,有利于跳跃运动员发挥水平。湿度偏大一些时,有利短跑运动员产生爆发力。湿度大不利于长跑运动员排汗,会影响耐力。

湿度往往与气温相互依存。据研究,当温湿度出现:(1)气温40℃,相对湿度30%;(2)气温38℃,相对湿度50%;(3)气温30℃～31℃,相对湿度85%以上时,运动员的调节机能就无法充分发挥作用。

3. 风——在影响人体的热代谢以及神经系统和精神状态外,风向、风速对许多运动项目有较大影响。风对短跑影响很大。在风速不超过2米/秒规则范围内,顺风可提高成绩,据计算,风速2米/秒时跑百米,要比无风时快0.16秒。马拉松比赛在风速小于5米/秒,气温在12℃～14℃条件下举行最为理想。

据试验研究,逆风时有时还会提高标枪和铁饼的投掷距离。标枪在逆风时最佳投掷角一般为33～35°,在顺风时最佳投掷角(风速≤2米/秒)为35°。在顺风风速≤2米/秒时,男子铁饼的最佳起始投掷角33～34°,逆风时应为21～31°;女子铁饼在顺风时的最佳投掷角应为37～45°。

# 气象条件与运动员的疾病发作

公元前490年,希腊军队在马拉松平原与入侵的波斯军队展开激战。长跑运动员菲迪皮季斯奉命跑回雅典,把希腊军队大获全胜的喜讯报告给雅典人民。菲迪皮季斯跑到雅典时气力已经耗尽,只喊了一声"我们胜利了!"就倒地死去。后来,美国得克萨斯大学天文学家用古代斯巴达人的日历计算了这次长跑的日期,认为菲迪皮季斯从马拉松跑到雅典的日期是8月12日,正是炎炎夏日,可能当时希腊地区的气温高达39℃,菲迪皮季斯很可能是因为中暑,才在长跑后丢了性命。为了纪念这位英雄,从1896年首届奥运会起设立了马拉松长跑项目。

各种天气、气候以及气象要素的变化,都会引起人体生理反应。

感冒:感冒是对气象条件最敏感的疾病之一,一年四季都可发生。主要致病原因是因为冷空气的入侵,气温大幅度下降,运动员还未适应环境的变化而着凉,身体的抵抗力下降,病毒或细菌乘虚而入,引起疾病的发生。

有一名运动员在参加了蒙特利尔奥运会的马拉松选拔赛后患了重病;还有一位优秀的运动员在一次越野跑中突然死去。这两件事引起了人们的重视。后经调查发现,这两名运动员正是患了感冒后参加比赛的。通过研究发现,感冒发烧时体温高,而进行运动又要产热,使体温继续升高,这样加大了体力消耗,进一步削弱了运动员的抵抗力,使病情加重、恶化,甚至死亡。另外,感冒发烧时,心跳加快,一般体温增加1℃,心跳每分钟增加10~20次,如果再进行剧烈运动,心跳次数进一步加快,将增加心脏的负担,有时甚至会诱发心肌炎或心肌梗塞。

中暑:人体在高温环境下,代谢旺盛,能量消耗较大,而炎热又常使人睡眠不足,食欲不振,这样,人体的免疫力和抵抗力就下降,体温调节机制暂时发生障碍,而发生体内热蓄积,导致中暑。

体育运动是靠体内氧化反应产生的热量,多余的热量要通过体表排出体外,故而要求环境温度比体温低。当环境温度在35℃~39℃时,人体热量的三分之二是通过汗液蒸发排出的。当大气环境相对潮湿,即湿度较大时,人体排汗将出现困难,体热积累起来便会出现中暑现象。

心理疾病:天气的变化往往影响到人的心理变化。在炎热的夏季,大约有16%的人会出现情绪和行为异常,医学上称之为"夏季情感障碍"。现代医学研究表明,其发生与气温、出汗、睡眠时间和饮食不足有密切关系。当环境温度超过30℃,日照时间超过12小时,湿度高于80%时,气象因子对人体下丘脑的情绪调节中枢的影响就明显增强,情感障碍发生明显增多。加上出汗多,人体内的电解质代谢障碍,影响大脑神经活动,从而产生情绪和行为方面的异常。

运动员在参加比赛的过程中,本身心理就处于一种高度集中的状态中,如果有不利的天气(高温、阴雨等)影响,就会使运动员的情绪产生波动,思想不集中和情绪低落,从而影响体能的发挥。

心肌梗塞:引起心肌梗塞原因很多。天气变化影响人体的植物神经系统,如调节功能紊乱,引起血管运动反应改变,增加了毛细血管及周围小动脉的阻力;天气变化还引起血液的理化性质发生变化,如有冷锋过境可导致血中纤维蛋白原增加,肾上腺素分泌增多,从而增高了血液黏性并缩短血凝时间。

运动员若有隐性的心脏疾病,平时表现不出来。当进行剧烈活动时,心脏负担增加,再加上不利的天气影响,一旦承受不了,就会触发疾病,甚至猝死。

# 气象与体育实例集锦

气象条件与体育运动的密切关系,今天已越来越引起体育界和气象界的重视。冷暖适宜,风和日丽的天气会使大型体育运动会的开幕式和闭幕式增色,运动比赛中充分利用有利的气象条件对发挥水平、创造佳绩很有帮助。体育史上有不少诸如此类的例子。

1945 年伦敦大雾造成一出闹剧。在一年一度的欧洲足球冠军杯赛上,英格兰阿森纳俱乐部队迎战前苏联迪纳摩队,两队旗鼓相当。距下半场结束还有 10 分钟时,2∶2 的僵局仍未打破。这时,一场大雾突然袭来,场上一片混沌,球员看不清号码,球门也隐入雾中,双方都想趁乱取胜,但能见度实在太低,屡屡射门无果。眼看比赛就要结束,被罚下场的迪纳摩队球员瓦西里心急如焚,趁裁判不备,溜入场中,一脚截住不知是哪边传来的球,迅速突入禁区,起脚劲射破网,紧接着,比赛结束的笛声也响了。瓦西里一阵狂喜。谁料裁判却宣布阿森纳队获胜。原来瓦西里竟将球射入了自家的大门。

在 1984 年萨拉热窝冬季奥运会期间,猛烈的北风风速达 50 米/秒,4 天的积雪量达到 50～90 厘米,速降滑雪比赛被迫延期。而 1972 年在奥地利因布鲁斯克举行的第 12 届冬季奥运会上,却因降雪不多、积雪稀少,奥地利政府不得不出动军队和几百辆汽车,从意大利边界的布伦纳山运雪来建造滑雪跑道。

在 1986 年的北京国际马拉松赛上,日本两名选手利用当天的良好天气(气温 8.2℃,风速 1 米/秒),创造了在一次马拉松比赛中,同一国家的两名选手同时突破 2 小时 8 分大关的好成绩。时隔一年,在 1987 年的这项比赛中,因北京刮大风,冠军成绩比 1986 年差了将近 5 分钟。

1996 年 5 月 7 日,被誉为"东方神鹿"的王军霞在南京举行的全国田径奥运选拔赛女子万米预赛中,以 31 分 1.76 秒的好成绩,创造了世界纪录,比 1995 年的世界冠军成绩快出 3 秒多。赛后,王军霞对采访她的记者说,教练本来只要求她在这一天破自己 1995 年的最好成绩,没料 7 日天气那么好,气温适宜,没有太阳,又没什么风,觉着这是一个难得的好天气,于是就和教练商定,尽量把好成绩'放'在 7 日。翌日《新民晚报》以《好天气助我成功》为题,报道了王军霞创造佳绩的"秘密"。

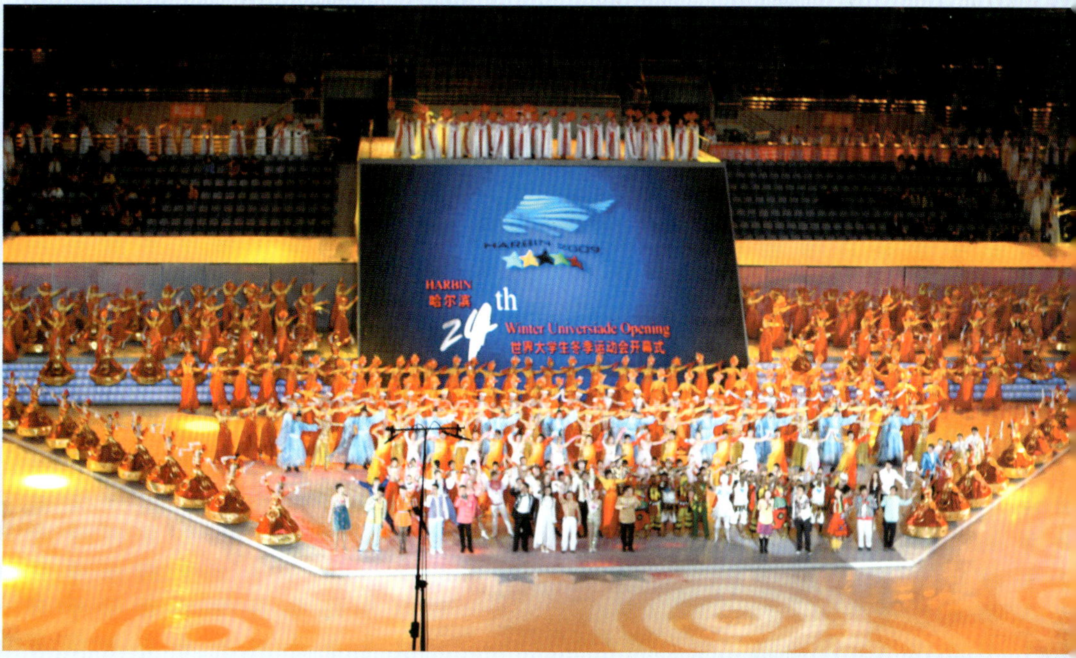
HARBIN 2009
HARBIN
哈尔滨
24th
Winter Universiade Opening
世界大学生冬季运动会开幕式

# 精彩瞬间

24

Harbin 24th Winter Universiade
哈尔滨第24届世界大学生冬季运动会
雪上赛区颁奖仪式

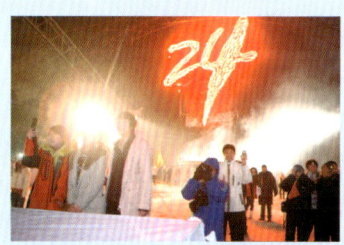

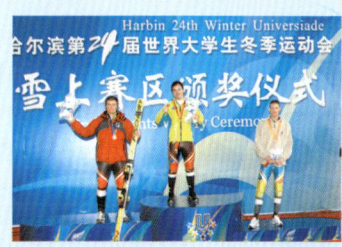

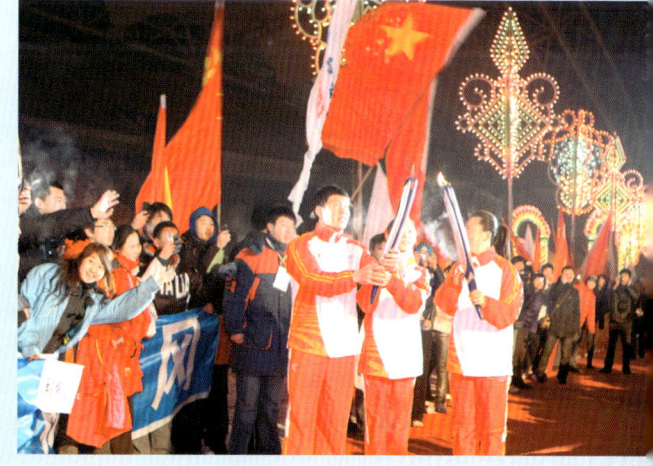